湖北省公益学术著作出版专项资金资助项目
教育部人文社会科学研究青年基金项目
湖北省社科基金一般项目
中国乡村振兴理论与实践丛书

鄂西土家族传统聚落
空间形态与演化

王 通 著

华中科技大学出版社
http://press.hust.edu.cn
中国·武汉

图书在版编目（CIP）数据

鄂西土家族传统聚落空间形态与演化 / 王通著. —武汉：华中科技大学出版社，2023.8
（中国乡村振兴理论与实践丛书）
ISBN 978-7-5680-9568-6

Ⅰ.①鄂… Ⅱ.①王… Ⅲ.①土家族 - 乡村居民点 - 空间形态 - 研究 - 湖北 Ⅳ.①TU982.296.3

中国国家版本馆CIP数据核字(2023)第160697号

鄂西土家族传统聚落空间形态与演化　　　　　　　　　　　　　　　　　王　通　著
Exi Tujiazu Chuantong Juluo Kongjian Xingtai yu Yanhua

出版发行：华中科技大学出版社（中国·武汉）		电话：（027）81321913	
地　　址：武汉市东湖新技术开发区华工科技园		邮编：430223	

策划编辑：金　紫
责任编辑：陈　骏　　　　　　　　　　　　　　　封面设计：清格印象
责任校对：张会军　　　　　　　　　　　　　　　责任监印：朱　玢

录　　排：华中科技大学惠友文印中心
印　　刷：湖北金港彩印有限公司
开　　本：787 mm×1092 mm　1/16
印　　张：14.5
字　　数：227千字
版　　次：2023年8月第1版 第1次印刷
定　　价：118 .00 元

总序

全面推进乡村振兴，是中共二十大作出的重大决策部署。全面建设社会主义现代化国家，最艰巨最繁重的任务在农村。坚持农业农村优先发展，坚持城乡融合发展，畅通城乡要素流动，扎实推动乡村产业、人才、文化、生态、组织振兴，正确处理好发展与保护、人与自然和谐共生的关系是实施乡村振兴战略的重要方面。

我国相关文件对"推动农村基础设施建设""持续改善农村人居环境""加强乡村生态保护及修复""构建农村一二三产业融合发展体系"等方面提出了明确的建设要求，注重协同性、关联性、整体性。要做到这些必须科学规划、科学发展，"中国乡村振兴理论与实践丛书"便是在此背景下策划筹备而来。

"中国乡村振兴理论与实践丛书"紧密围绕全面乡村振兴，聚焦乡村建设这一发展主题，着眼于生态宜居，面向乡村建设的难点和关键点，依托不同类型的乡村人居环境，研究中国乡村建设中的理论和实践问题，总结我国乡村建设的实践成果，为我国乡村生态振兴提供理论支持和路径选择。

"中国乡村振兴理论与实践丛书"由 4 本专著构成：《新江南田园——乡村振兴中的景观实践与创新》《乡村文化景观保护与可持续利用》《面向产业振兴的乡村人居生态空间治理研究》与《鄂西土家族传统聚落空间形态与演化》。前 3 本分别基于大都市郊区乡村、历史文化景观村落、山区乡村三类乡村所呈现出来的突出问题进行了研究；第 4 本以鄂西武陵山区土家族传统聚落为研究对象，研究少数民族地区乡村聚落的空间演化机制，从理论角度解读乡村形态的变化，为少数民族地区乡村建设提供理论基础。

2020 年 5 月，经广泛论证，我们决定从乡村建设的视角组织编写此丛书，并陆续邀请同济大学、华中科技大学、华中农业大学等院校的相关学者担任丛书编写委员会委员，召开了丛书编写启动会议，确定了分册作者，经过两年多的努力，于 2023 年初完稿。

　　"中国乡村振兴理论与实践丛书"紧靠时代背景，紧抓历史契机，紧密围绕全面乡村振兴，尤其是乡村建设这一发展主题。丛书着眼于乡村人居环境的建设，从"生态宜居"和"留住乡愁"的视角出发，对全面推进乡村振兴中的乡村"硬环境"和"软环境"进行了深入研究。丛书研究了多尺度下乡村文化景观的生物文化多样性，分析与挖掘乡愁的感知与表达，并在应对气候变化问题上提出乡村文化景观的适应性发展策略，为新时代背景下的乡村景观绿色发展与城乡融合发展提供决策建议；丛书以湖北省重要的民族乡村地区为研究对象，提出释放乡村产业要素活力，优化空间结构，突出功能特色，推进民族乡村振兴和山区人居生态环境可持续发展；丛书构建了健康的乡村景观环境系统，立体化地呈现了多样化的景观策略，可供更多的乡村建设与发展借鉴参考。在此基础上，丛书还对我国乡村的自然灾害和人为灾害历史进行了分析，厘清了乡村聚落区域性防御防灾方略，梳理了相应的乡村聚落防御防灾体系，以期为乡村防灾提供有益的参考和借鉴。这些研究都契合新时期乡村建设的发展需要，具有较高的实践指导价值。

　　在乡村振兴背景下"建设宜居宜业和美乡村"是大势所趋。本套丛书的出版对于实施乡村振兴战略，促进农业、农村、农民的全面发展，实现中华民族伟大复兴的中国梦具有重要的社会意义和经济意义，也希望丛书能够在乡村研究的学术领域做出些许贡献。

2023 年 3 月

前言

武陵何处？土家何人？

这一句话是张良皋先生几十年来对武陵山区探索研究时常问的一句话，张先生也用《武陵土家》《巴史别观》《蒿排世界》等著作给出了答案。当我用当下的眼光与视角来学习与审视武陵山区这片神奇的土地时，内心诚惶诚恐，深感"科学性地"探索武陵土家的聚落和风土的缺憾，即人文历史视角与内容的缺位。在乡村聚落领域，从类型学研究到人类学与社会地理学，从拓扑学到数字化，从演进机制到基因图谱，学界研究硕果累累，可谓无所不包，之所以用引号将"科学性地"四字加以标注，是因为自己没有分清或者无法厘清乡村聚落研究中科学与人文的分界线，抑或不应该有分界线。所以，对鄂西土家族传统聚落空间形态与演化的研究是我在乡村研究中的一个粗糙的尝试。

近年来，在导师李保峰教授的提携下，有幸参与了诸多武陵山区的设计实践，从恩施大峡谷女儿寨到中国土家泛博物馆，再到自己独立设计完成的凉伞坡民宿示范中心，一路走来，自己在思索城镇化进程后期的乡村路径问题，也感受和体验到了些许无奈，更看到了乡村振兴中的机会，带着这些体会去构建一个地域的聚落空间体系，实属不自量力。但是，第一步总要迈出。

此书得以出版，感谢李保峰教授的指导，感谢华中科技大学出版社金紫老师对整套丛书的支持，感谢尚书棋、彭欣怡、李达豪、张成、张亚男、冯元、张文彦、余思晗、李易珊同学的辛苦付出，感谢宋阳老师的不吝赐教，感谢钱才东先生的鼎力支持。

从张良皋先生的著作中，我得知了附庸风雅的由来。坦言之，吾之陋作，既非"风"，也非"雅"，连"颂"也够不上；但我仍厚着脸皮将对武陵山区传统聚落的浅层次的认识发表出来，一来对近几年对武陵山区乡村聚落的研究做个总结，二来用当下社会的语境来重新审视未来乡村聚落研究中的突破点。至此，《鄂西土家族传统聚落空间形态与演化》算是对武陵山区厚重的地域文化附庸了一番。

王　通

二〇二三年七月四日

于华中科技大学

目录

上卷 鄂西土家族传统聚落空间形态研究

中卷　鄂西土家族传统聚落风环境空间研究

下卷 鄂西土家族传统聚落水环境空间研究

0　引言

- 鄂西土家族传统聚落概况
- 鄂西土家族传统聚落空间形态及其相关内容
- 鄂西传统聚落之演进机制

0

0.1　鄂西土家族传统聚落概况

　　中国国土广袤，高原、平原、山地、丘陵、盆地五种主要地形均有分布，河流湖泊贯穿其中。在丰富的自然基础条件下，各区域形成了特色分明的传统聚落。传统聚落是指在一定历史时期内，以农业或手工业为主要生产方式，形成的一类人口密集、社会经济活动频繁、建筑风格独特的居住区域。在这些传统聚落中，居民们依靠一定的社会规范和传统文化秩序，形成了共同的生活方式和价值观念。传统聚落是当地传统文化的重要载体，包括宗教信仰、民俗习惯、艺术表现等多个方面。传统聚落的建筑风格和布局通常与当地的自然环境密切相关，如山区聚落建筑多采用木结构，以应对地震和台风等自然灾害；水乡聚落则常常以河道和水渠作为交通和生活的重要组成部分。

　　鄂西，即湖北省西部，是土家族文化的重要发源地之一，也是中国传统聚落的重要分布区域之一。因地缘环境和历史条件的影响，鄂西地区交通设施比较落后，经济发展缓慢，为推动地区发展，鄂西组织协调建设"鄂西生态文化旅游圈"，包括恩施、荆州、襄阳、宜昌、荆门、随州、十堰、神农架 8 个市州（林区），以发挥地区丰富的生态、文化资源优势，破解交通、体制、机制的瓶颈。鄂西土家族地区属于武陵山脉，地势起伏较大，形成了独特的山地水系和山地生态环境，该地区的传统聚落以其独特的地理环境和文化传承，展现了中国传统建筑和文化的精髓。武陵山片区区位图如图 0-1 所示。鄂西传统聚落的建筑和布局，通常考虑了当地的地理环境和气候条件，以满足人们的居住需要，与当下的生产生活方式相匹配。例如，鄂西传统聚落的房屋多为采用木材和土石材料建造的吊脚楼，与山地环境相得益彰。

0.2　鄂西土家族传统聚落空间形态及其相关内容

　　鄂西土家族传统聚落空间形态包括景观空间形态、风环境和水环境等。鄂西地

图 0-1 武陵山片区区位图

区地形复杂，山峦起伏，水网纵横，形成了独特的自然景观。当地的地理环境对聚落的建筑布局、建筑风格和空间形态产生了深远的影响。鄂西地区属于亚热带湿润气候，气候温和、湿润，全年间有强风、大雨等天气。当地的气候条件对聚落的建筑布局、建筑风格和空间形态产生了影响。另外，鄂西地区河流众多，水资源十分丰富，聚落的建筑布局通常以水流为中心，形成了许多以水为基础的景观空间形态。

1. 鄂西土家族传统聚落景观空间形态

鄂西土家族传统聚落的建筑和布局通常遵循着自然地理环境和社会文化习惯的规律，呈现出一种独特的景观空间形态。这些景观空间形态不仅反映了当地人的生产生活方式和文化传统，也在一定程度上影响了聚落的发展方向和格局。

对鄂西土家族传统聚落的景观形态进行研究，首先应界定景观形态的概念与内涵。该地的景观是由当地居民与自然环境相互作用所形成的乡土景观，对立于城市规划景观，具有地域性与原真性（俞孔坚，王志芳等，2005），呈现出具有当地乡土景观特点的武陵山区乡村聚落景观形态。

不同的学者对于景观形态的内涵与研究内容有不同的定义。彭一刚先生在《传统村镇聚落景观分析》一书中，从自然因素的影响、社会因素的影响、美学、景观形成等角度，结合大量的照片与实测图，对传统村镇聚落的景观形态展开研究（彭一刚，1992）；吴家骅老师的《景观形态学》尝试将建筑、景观、美术、哲学、艺术与环境等学科联系起来，从跨学科的角度展开对景观形态的研究（吴家骅，1999）。从广义上讲，景观代表地域综合体，借鉴生物学中的形态学概念，研究对象是一个变化的有机体，景观形态研究不仅包括事物的外在形状，也包含形态规律。由于景观形态学研究范围较广，本书针对聚落景观形态的研究重点在于当地乡土景观的外在形态，特别是空间形态。

"形态"一词指事物的形状或表现，侧重于代表当地特色的属性，表示事物的简化、标准、范式形态，而形态学（morphology）一词属于学科专有名词，该词是由希腊语 morphe 和 logos 组成，侧重于研究形态的构成逻辑，更加强调机制研究（晏雪晴，廖秋林等，2012）。例如，吴家骅老师的《景观形态学》一书即译作"Landscape Morphology"，主要是从历史沿革角度探讨形态背后的动力学机制。建筑形态侧重于建筑单体的三维空间形态，艺术形态侧重于肌理的美学表现形态，城市形态侧重于宏观的平面功能形态（刘滨谊，刘谯等，2010），而景观形态在风景园林学科的综合属性影响下具有多元性，上述特点兼而有之。景观形态受自然、人文多种因素的影响，具有二维的平面属性、三维的空间属性与四维的时间属性，从宏观到微观各级尺度均呈现出当地独特的形态特征。

此外，与景观形态类似的有景观基因、景观特征与景观模式语言。景观基因概念最早由刘沛林引入国内（刘沛林，2011），引发了一系列聚落景观基因图谱研究（胡最，郑文武等，2018）。该类研究以人文地理学为出发点，借鉴聚落类型学的方法进行基因识别与基因图谱构建，借鉴历史地理学的方法进行形态演变分析，本质上是聚落文化景观研究，主要应用于区域尺度。景观特征的概念起源于英国的景观特征评价（landscape character assessment，LCA），研究目的由价值评估转向景观特征地图构建，研究方法是通过景观同质性判定景观特征，通过景观异质性划分景观特征区，以进行景观特征分类与景观特征识别（陶彦利等，2018），该类方法多用于风景区研究，研究尺度偏区域视角。景观模式语言由 Christopher Alexander 在《建筑模式语言》（A Pattern Language）一书中提出。他按城镇、建筑、构造的尺度关系简要分类，按"原型实例—照片—提出问题—背景资料—解决方案—图解"的顺序分别描述了 253 个场景的设计模式，其中 109 个模式与风景园林相关（C. 亚历山大，2002）。模式语言的研究目的是解决实际设计问题，研究成果类似于工具书。这些研究体系逐渐趋于成熟，各成一派，为景观形态研究提供了新的视角。

从广义上讲，景观形态包含物质形态与非物质形态，即以平面形态与空间形态为代表的具象实际形态与风俗习惯、生产生活方式为代表的抽象概念形态，以少数民族聚落为研究对象的研究多从自然景观与人文景观两方面展开，并探讨景观形态的形成机制（李昂，2015；陈亚利，2018）。由于物质形态具有点、线、面、体之分，大多景观空间形态研究内容以"整体聚落形态—线性街巷形态—点状景观要素"的线索展开（胡鑫，周文婷，2012），以城市意象为理论基础，以主观总结、定性表述与照片示例的形式进行分析，并从建筑学视角解析建筑空间形态。段莹以合阳灵泉村为研究对象，对区域尺度的生态景观、村域尺度的农业景观、聚落尺度的生活景观进行分述说明，每类景观从要素构成、格局特征、营造模式三个内容进行详述，研究关中乡土景观营造模式（段莹，2013）。

从研究内容上看，与本学科相关的聚落景观形态的研究集中于聚落选址布局、聚落结构与空间形态及景观意向。例如，王娟论述了中国古代农耕社会下聚落选址的具体方法及其在此基础上的聚落景观形态模式（王娟，王军，2005），周亚玮研究了地形这一地理因素对于徽州古村落定居与发展的影响（周亚玮，2015），林志强从道路、边界、区域、节点、地标、环境六个角度对广西传统聚落的空间意向进行分析（林志强，2006）。

现有聚落景观形态研究多以定性研究为主，采用文献研究与田野调查的研究方法，对某地区某聚落的景观形态进行归纳总结。在跨学科研究的视角下，研究者可采取其他领域的定量研究方法加以辅助，对景观形态的某一分支进行详细分析。地理信息科学已被大量应用于各学科研究中，以 ArcGIS 为代表手段，可从宏观尺度进行空间数据分析（杨京彪，吕靓等，2015）。郑文俊与孙明艳以湘桂黔侗族聚居区统计数据、田野调查资料和矢量地图为数据源，分析传统侗族村寨的选址布局特征，得到其主要在海拔 500～900 m、坡度 7°～15°、坡向为北或西北方、与水源距离小于 100 m 的区域选址建寨（郑文俊，孙明艳等，2018）。空间句法用于描述空间之间的拓扑关系，关注空间的可达性与关联性，已大量运用于场地尺度的空间形态研究，N Lakshmi Thilagam 运用 Depth Map 软件对泰米尔纳德邦的 7 个神庙镇的凸空间与线性空间进行分析，以了解寺庙对印度教城市空间结构的影响（N Lakshmi Thilagam，2016）。这些细分领域的研究为聚落景观形态提供了新的研究工具。

针对位于山地地区的聚落，也有一系列与景观形态相关的研究，积累了一定的研究成果。贾鹏以陕南传统聚落为切入点，通过对不同特征类型的陕南民居的实例调查与测试分析，研究人们如何巧妙利用山体、林地、水体与建筑的搭配组合，来获取最佳日照条件、自然通风、舒适的温湿度以减少能源消耗（贾鹏，2015）。周政旭以扁担山地区为例，探讨当地布依族居民面临的生存压力时所塑造出的聚落空间形态（周政旭，2015）。魏友漫针对土地节约型的陕北山地聚落，研究在有限的土地资源承载力下，陕北山地聚落空间的发展策略；在山地的条件限制下，影响聚落景观空间形态因素较多，研究应突出重点因素的影响，探讨形态的动力学机制，解决现实矛盾冲突（魏友漫，2014）。

2. 鄂西土家族传统聚落风环境

武陵山脉地势起伏较大，山地地形会对鄂西地区当地的风环境产生影响。鄂西传统聚落的建筑和布局，通常会考虑到当地的风向和风力等因素。在当地的建筑设计中，通常会采用高低错落、向阳背风等布局方式，以便房屋在不同季节和气候条件下能够最大限度地利用当地的风能，同时也能够减小房屋受到自然灾害的风险。

风环境最早通过实测、风洞实验、计算流体力学（CFD）模拟等方式对城市街道、高层建筑、城市公园以及居住区等进行微气候研究。Xiaoyue Wang 采用 CFD 软件对南京宣武门广场的季节风环境与不同植物种植模式的关联性进行了量化研究（Xiaoyue Wang，Liu F，2019）。J. Thiodore 论述了开放空间对城市滨河住区风环境有改善的作用（Thiodore J 等，2021）。张涛通过城市空间形态指标与城市中心区风环境的相关性归纳风环境优化策略（张涛，2015）。张媛媛利用数值模拟的方法研究绿化对沈阳市民广场风环境的影响，并提出广场绿地优化设计策略（张媛媛，2019）。

国内聚落风环境研究在城市风环境研究的基础上进行。国内研究视角主要分为地域性传统民居的风环境模拟评价以及传统聚落构成要素（如建筑群、植物、空间形态等）对风环境的影响等。

聚落风环境研究主要分为聚落空间形态、传统民居、建筑室外风环境、寒冷地区防风林等。研究方法有实测、数值模拟、实测与数值模拟结合三种，通过风环境分析得出风环境结果，并对其进行评价。姚兴博对安康传统聚落空间形态和特征进行总结，采用 CFD 模拟进行风环境研究，进而分析聚落建筑群体的风环境与单体建筑相互影响的关系，从三个尺度去总结村落空间的风环境适应策略（姚兴博，2019）。李旭通过对巴渝地区聚落的山水格局、街巷、建筑布局、地形与风环境模拟的关联性分析，归纳不同尺度的空间适应气候的规律（李旭，马一丹等，2021）。张银松运用 CFD 对珠海斗门镇的典型村落进行数值模拟，通过剖析村落空间形态与风热环境模拟结果，总结村落在聚落选址与空间布局上的风热环境的适应规律（张银松，2015）。Li Tang 为探索历史聚落适应气候和自然环境的关联机制，通过计算流体力学对上甘塘村进行风环境模拟研究，基于模拟结果对聚落选址、空间布局、与周围环境的关系进行分析，从聚落中总结城市可持续发展的经验（Tang L 等，2012）。Huang Meng 利用数值模拟对中国东北地区的四种典型院落进行风环境模拟，基于影响因素分析院落的风环境特征（Meng H 等，2016）。李峥嵘选取贵州地扪侗寨内典型的空间环境，进行夏季室外风环境实地测量，得出风环境与地形、建筑群布局等因素有关，总结地扪侗寨室外风环境的特点（李峥嵘等，2015）。袁彦锋对平潭岛聚落进行实地调研并进行风环境实测，总结平潭岛聚落风环境适应经验，利用 Phoenics 软件对平潭岛简化模型进行风环境数值模拟，对平潭岛总体规划与风环境模拟结果进行分析，归纳出建筑群朝向和空间布局的最优方案（袁彦锋，2016）。李振华通过梳理自然通风相关研究的文献，对湘南地区的传统村落划分类型并总结其特征，利用 CFD 数值模拟软件对典型案例模拟，将村落不同空间布局模式与其室外风环境模拟结果进行对比分析（李振华，2019）。Li Tang 对我国中西部地区具有湿热气候特征的上甘塘村的风环境进行 CFD 模拟，归纳聚落选址和布局与村庄风环境的关系（Li Tang 等，2014）。Yu-Chieh Chu 采用计算流体动力学模型模拟台湾花宅风环境，挖掘历史聚落设计适应气候的策略（Chu Y 等，2017）。Li Tang 对中国的上甘塘村和英国的 Piercebridge、Melling、Hawkshead、Castle Combe 的风环境进行了定量研究，以评估居住区的选择、布局、景观设计与环境，然后总结可持续的城市规划的经验（Li Tang 等，2011）。Yu-Chieh Chu 利用 CFD 对花寨聚落进行风环境模拟，验证中国古代传统的选址方法，评估和选择最适合居住的地方（Chu Y 等，2021）。高云飞从山区、平原、滨水三种不同的地理形态和整体、院落、居室、构造四个不同的研究层面对岭南地区传统村落进行微气候环境研究，归纳其生态建筑经验（高云飞，2007）。杜春兰通过实测的方式探究云南鼻族传统聚落内部与外部空间与微气候的关联性，归纳其自然气候适应性和空间舒适性提升的营建策略（杜春兰等，2020）。陈成利用 ENVI-met 软件对洪家疃传统村落现状的植物种植模式进行数值模拟，归纳不同植物种植模式对微气候的影响（陈成，2020）。刘琪通过调研总结党家村、灵泉村两个村落不同尺度的街巷空间与气候的关联性，利用 Ecotect、Phoenics 软件对街巷空间进行数值模拟，归纳街巷尺度与微气候的关系及应用策略（刘琪，2021）。Chen Q 利用 Fluent 软件对不同坡度、主导风速、粗糙度等参数影响下的山地丘陵进行风环境模拟，通过归纳得出风速与山地坡度密切相关，风速随着山坡坡度增大而增强（Chen Q 等，2019）。华南理工大学的研究团队归纳总结岭南地区聚落如何适应湿热气候的生态智慧。惠星宇通过实测的数据和软件模拟的数据对比来确定软件模拟的可靠性，利用 ENVI-met 软件对广府冷巷、院落空间进行数值模拟并进行舒适度评价，归纳冷巷空间的气候舒适规律与尺度（惠星宇，2016）。林瀚坤对竹筒屋的空间形态、布局、空间要素的尺度等进行气候适应性分析，采用通风模拟的方法对竹筒屋空间组织类型、空间要素、空间尺度等进行通风模拟，进而将传统建筑的地域适应性应用于夏季湿热的地区（林瀚坤，2012）。刘穗杰通过文献梳理湿热地区中气候空间系统的作用模式，对水平和竖直两种组合进行实测和数值模拟对比，总结出空间组合的作用，归纳具有实际意义的湿热地区气候空间系统的低碳减排模式（刘穗杰，2019）。刘新星通过对马头古村法治广场进行实测和风环境模拟数据验证，构建了适用于浙东古村落的广场风环境模拟检验方法（刘新星等，2021）。方焕焕利用 Phoenics 软件从巷道宽度、天井形态与尺度、建筑是否开门以及绿化布局五方面对徽州地区传统村落进行室外风环境研究并归纳其室外风环境规律（方焕焕，2020）。

关于聚落风环境应用及优化研究方面，定量化分析有助于改善聚落人居环境；基于数值模拟结果与评价，提出优化设计策略，通过研究聚落风环境来优化其空间形态，从而达到提高舒适性的目的。姚泽楠按照地貌特征选取村落样本，从不同空间尺度去识别并提取村落空间特征，总结出村落空间对微气候的适应特征，通过村落空间特征和定量模拟结合的方式，归纳基于微气候改善的村落空间优化策略（姚泽楠，2021）。Lili Zhang 采用 CFD 软件对典型村落进行室外风环境模拟，基于模拟结果提出室外空间的风环境改善策略（Zhang L 等，2017）。李欣蔚深入挖掘渝东南土家族传统民居的自然通风技术，探讨街巷和建筑的通风规律，对民居室内外进行风环境模拟，基于模拟结果总结传统民居通风手段的内在生态智慧，并研究如何将这些技术运用在新民居的建设上（李欣蔚，2016）。郭华对湘西传统民居进行整理归纳，选取典型村落案例进行空间形态记录，利用计算机模拟的方式对实地调研数据进行数值模拟，得出冬季防风策略（郭华，2013）。荣靖宏对哈尔滨市典型村落的风环境进行实测和数值模拟，通过研究防风林的布局方式对村落的影响，归纳出寒冷地区村落的防风策略（荣靖宏，2019）。陈小明利用 CFD 软件研究高椅古村中的农田、山体要素与农房的自然通风关系，得出村落自然通风的设计策略及优化设计方法（陈小明，2016）。董若静利用数值模拟探讨选址、布局、建筑形体等要素对湘西传统村落自然通风的影响，归纳新农宅的风环境优化设计策略（董若静，2020）。郭艳通过对山地型传统村落桂峰村进行空间分析，结合实测数据与人体舒适度评价得出公共空间对人体舒适度的影响，归纳出优化空间小气候的空间营造策略（郭艳，2019）。吕婧玮对中田村夏季的风热环境进行实测，并采集不同空间布局的数据，利用 CFD 软件对村落空间进行模拟，归纳村落空间与风热环境的关联性，并提出风热环境的优化策略（吕婧玮，2021）。邵飞燕采取实测与模拟结合的方法对马尔康市卓克基镇西索村进行风环境研究，总结其风环境特征，并归纳出高山乡村村落的风环境优化策略（邵飞燕，2021）。

　　尽管聚落空间形态与风环境的研究逐渐增多，但是还存在地域性研究的不完善问题。聚落空间形态中的各构成要素如何影响聚落风环境的空间营建模式还未明确。白晓璐基于关中平原不同村落的风环境实测数据，归纳出室外风环境改善策略（白晓璐等，2021）。封珍珍通过对关中平原聚落空间的实地调研与风环境实测，对空间形态与风环境进行关联性分析，总结出聚落空间对风环境的适应策略（封珍珍等，2019）。张欣宇利用软件模拟和数理分析等研究方法分析东北严寒地区聚落形态以及冬季风与聚落空间形态的耦合关系，从聚落规模和空间布局两方面研究聚落未来的合理规划方向，以改善冬季户外活动的舒适性（张欣宇，金虹，2016）。李夏天通过模拟赣南地区传统村落风环境得出平均风速比、静风区、舒适区面积与风环境的耦合关系，归纳出村落风环境改善策略（李夏天，2021）。张明对黑龙江平原地区传统村落的冬季风环境进行研究，归纳出严寒地区的传统村落冬季防风的营建模式（张明等，2017）。庞心怡对辽东半岛村落进行实地调研和测量，对村落的空间形态与微气候进行关联性分析，从村落整体形态、街巷形态以及宅院形态三种尺度归纳出基于微气候改善的村落空间形态优化策略，并利用Phoenics 软件对其进行验证（庞心怡，2020）。

3. 鄂西土家族传统聚落水环境

鄂西地区传统聚落的建筑和布局通常会考虑到当地的水环境。例如，在当地的建筑设计中，通常会采用雨水收集和利用的方式，充分利用当地的水资源。同时，在防御水土流失和山洪泛滥等自然灾害方面，传统聚落也通常会采取相应的措施以保护人们的生命财产安全。

聚落水环境作为一个概念和研究领域，相关内容较少。我国对乡村涉水基础设施的研究起源于绿色基础设施（green infrastructure, GI）。1999 年，美国政府在《可持续发展的美国——争取 21 世纪繁荣、机遇和健康环境的共识》报告中将 GI 作为当地社区永续发展的重要战略之一，并联合相关专家组成立"GI 工作小组"，首次提出了 GI 的概念。我国学者吴伟于 21 世纪初开始研究 GI，对其概念、发展和实践等方面进行研究和解读（吴伟，付喜娥，2009）。王秋平设计了陕西地区乡村污水资源化利用和雨水收集利用的新排水系统，并探讨了该系统与乡村空间的结合方式（王秋平，解锟，2011）。冯骞具体介绍了我国各种现代乡村涉水基础设施的特性，初步研究了这些设施与乡村空间的结合方式（冯骞，陈菁，2011）。刘滨谊提出了我国半干旱区在宏观、中观和微观 3 种尺度下的乡村雨水利用模式，并研究了涉水基础设施在乡村空间的组织方式（刘滨谊，张顺德等，2013）。李峻峰将 GI 引入乡村领域，提出了乡村绿色基础设施（rural green infrastructure, RGI）的概念，认为多种基础设施的有机组合可以构成一个可持续的循环网络（李峻峰，2014）。徐小东提出在保留乡村水系基本空间结构的情况下，通过集中的基础设施建设，构建水网密集区乡村的紧凑发展空间模式，形成滨水自然景观风貌与乡村集中居住两种空间结构关系（徐小东，沈宇驰，2015）。汪洁琼从景观层面初步研究了人工湿地、生物浮岛、生态明沟等涉水基础设施与乡村空间的生态结合方式（汪洁琼，邱明等，2017）。赵彦博对济南市岳滋村进行代谢分析，因地制宜地设计了沼气站和人工湿地等涉水基础设施，并根据分析结果确定了这些设施的空间形态（赵彦博，2017）。吴丹通过测算黔东南岜扒村给水和排水的需求，在充分修复乡村原有水系统的基础之上，适度植入现代涉水基础设施来解决乡村的水问题，并研究了传统堰塘在现今的空间规模和形态（吴丹，2017）。武玲以景观基础设施及韧性规划相关研究理论和实践为依据，研究苏南乡村景观基础设施韧性规划的过程，即"风险识别—状态评估—规划响应与策略制定—规划结果评价及反馈"（武玲，2018）。雷连芳基于涉水基础设施的空间需求及实施的限制条件，进行了设施的规划设计，从规划层面研究了涉水基础设施空间与乡村空间的整合策略和方式（雷连芳，2018）。

鄂西土家族传统聚落与景观空间形态、风环境和水环境之间存在着密切的联系，这些因素是鄂西地区自然环境的重要组成部分，对当地的传统聚落布局和居民的文化习俗等产生了深远的影响。这些联系反映了人与自然的和谐相处，也保证了传统聚落的可持续发展。

0.3　鄂西传统聚落之演进机制

传统聚落演进是指传统聚落经历不同阶段的演变，形成不同的空间形态和文化特征的过程。从研究视角来看，传统聚落演进的研究可分为景观生态学方向、历史文化方向、城市规划方向等。景观生态学方向研究传统聚落演进过程中的生态环境变化和生态适应机制，历史文化方向研究传统聚落演进过程中的文化特征和历史价值，城市规划方向则关注传统聚落演进与城市化发展之间的关系。从研究内容来看，传统聚落演进的研究内容十分广泛，包括传统聚落的历史演变、文化特征、空间形态、环境影响等多个方面。其中，空间形态是研究传统聚落演进的重要内容之一。通过研究传统聚落的空间形态演变，可以深入了解传统聚落的发展历程、空间结构和功能特征等。

鄂西土家族传统聚落是一个历经漫长时间沉淀与发展的复杂系统，其演进机制是多方面的，涉及地理、文化、政治、经济等领域。演进机制与景观空间形态、风环境、水环境密不可分。①景观空间形态是聚落演进的重要体现。鄂西传统聚落形成于地形复杂、水资源丰富的山区，聚落的选址和布局必须充分考虑地形、水源、交通等因素，以便居民的生产和生活。②鄂西传统聚落的演进与风环境有着密切的关系。由于鄂西地区气候多变，风向不定，传统聚落的建筑风格、朝向、布局等都需要考虑到风向的影响。③鄂西传统聚落的演进与水环境的变化有着密切的关系。由于鄂西地区的水文地质条件复杂，传统聚落的选址和布局必须考虑到水资源的利用和保护，避免水资源的浪费和污染。

综上所述，鄂西土家族传统聚落的演进机制与景观空间形态、风环境、水环境密切相关，这些因素相互作用，共同推动着鄂西传统聚落的不断演进和发展。必须深入探究其演进机制和各种因素之间的相互关系，以便于更好地保护和传承鄂西传统聚落的文化和历史价值。

本章参考文献

[1] 俞孔坚,王志芳,黄国平.论乡土景观及其对现代景观设计的意义[J].华中建筑,2005（04）:123-126.

[2] 彭一刚.传统村镇聚落景观分析[M].北京:中国建筑工业出版社,1992.

[3] 吴家骅.景观形态学[M].北京:中国建筑工业出版社,1999.

[4] 晏雪晴,廖秋林,唐彬.国内乡村聚落景观研究综述[J].中国园艺文摘,2012,28（03）:105-106.

[5] 刘滨谊,刘谯.景观形态之理性建构思维[J].中国园林,2010,26（04）:61-65.

[6] 刘沛林.中国传统聚落景观基因图谱的构建与应用研究[D].北京:北京大学,2011.

[7] 胡最,郑文武,刘沛林,等.湖南省传统聚落景观基因组图谱的空间形态与结构

特征 [J]. 地理学报 ,2018,73（02）:317-332.

[8] 陶彦利 , 奚雪松 , 祝明建 . 欧洲景观特征评估（LCA）方法及其对中国的启示 [J]. 中国园林 ,2018,34（08）:107-112.

[9] C·亚历山大 , S·伊希卡娃 , M·西尔佛斯坦 , 等 . 建筑模式语言 [M]. 王听度 , 周序鸿 , 译 . 北京 : 知识产权出版社 , 2002: 101.

[10] 陈亚利 . 珠江三角洲传统水乡聚落景观特征研究 [D]. 广州 : 华南理工大学 ,2018.

[11] 李昂 . 额尔古纳市恩和村景观形态研究 [D]. 北京 : 北京建筑大学 ,2015.

[12] 胡鑫 . 鄂渝酉水上游流域半坡型典型村落景观形态研究 [D]. 武汉 : 华中农业大学 ,2012.

[13] 周文婷 . 西沱镇传统街区景观形态保护与发展研究 [D]. 武汉 : 华中农业大学 ,2012.

[14] 段莹 . 景观生态学视角下关中渭北台塬区乡土景观营造模式研究 [D]. 西安 : 西安建筑科技大学 ,2013.

[15] 王娟 , 王军 . 中国古代农耕社会村落选址及其风水景观模式 [J]. 西安建筑科技大学学报（社会科学版）,2005（03）:17-21.

[16] 周亚玮 . 徽州古村落布局与地形的关系研究 [D]. 北京 : 北京林业大学 ,2015.

[17] 林志强 . 广西传统聚落空间意象分析与启示 [J]. 规划师 ,2006（12）:85-88.

[18] 杨京彪 , 吕靓 , 杜世宏 . 黔东南苗族侗族自治州民族村寨空间分布特征研究 [J]. 北京大学学报（自然科学版）,2015,51（03）:444-450.

[19] 郑文俊 , 孙明艳 . 侗族村寨选址布局特征及其生态智慧 [J]. 风景园林 ,2018,25（06）:69-72.

[20] N Lakshmi Thilagam.The morphological characteristics of medieval temple towns of Tamilnadu[J]. Environment and Planning B: Planning and Design，2016, 43（1）: 7-33.

[21] 贾鹏 . 陕南山地聚落环境空间形态的气候适应性特点初探 [D]. 西安 : 西安建筑

科技大学,2015.

[22] 周政旭,封基铖.生存压力下的贵州少数民族山地聚落营建——以扁担山地区为例 [J]. 城市规划,2015,39（09）:74-81.

[23] 魏友漫.基于土地节约型的陕北山地聚落空间发展策略研究 [D]. 西安：西安建筑科技大学,2014.

[24] Wang X, Liu F, Xu Z. Analysis of urban public spaces' wind environment by applying the CFD simulation method: a case study in Nanjing[J]. Geographica Pannonica, 2019, 23（4）: 308-317.

[25] Thiodore J, Srinaga F. Open Space Scenario on Riverside Settlement to Access Comfortable Wind Environment[C]. IOP Conference Series: Earth and Environmental Science, 2021: 12-22.

[26] 张涛.城市中心区风环境与空间形态耦合研究 [D]. 南京：东南大学,2015.

[27] 张媛媛.基于风环境舒适度的沈阳市民广场绿化优化设计模拟研究 [D]. 沈阳：沈阳建筑大学,2019.

[28] 姚兴博.安康地区传统民居空间形态与风环境特征研究 [D]. 西安：长安大学,2019.

[29] 李旭,马一丹,崔皓,等. 巴渝传统聚落空间形态的气候适应性研究 [J]. 城市发展研究,2021, 28（05）: 12-17.

[30] 张银松.基于数值模拟的珠海斗门镇传统聚落风热环境研究 [D]. 哈尔滨：哈尔滨工业大学,2015.

[31] Tang L, Nikolopoulou M, Zhao F-Y, et al. CFD modeling of the built environment in Chinese historic settlements[J]. Energy and Buildings, 2012, 55: 601-606.

[32] Meng H, Jiao W, Hong J, et al. Analysis on Wind Environment in Winter of Different Rural Courtyard Layout in the Northeast[J]. Procedia Engineering, 2016, 146: 343-349.

[33] 李峥嵘，吴少丹，赵群. 贵州地扪侗寨室外风环境实测研究及评价 [J]. 建筑热能通风空调，2015, 34（04）：27-30.

[34] 袁彦锋. 基于地理信息建模与 CFD 模拟的平潭岛风环境区划与评价研究 [D]. 泉州：华侨大学，2016.

[35] 李振华. 湘南地区传统村落在自然通风条件下风环境模拟研究 [D]. 长沙：湖南大学，2019.

[36] Tang L, Nikolopoulou M, Zhang N. Bioclimatic design of historic villages in central-western regions of China[J]. Energy and buildings, 2014, 70: 271-278.

[37] Chu Y-C, Hsu M-F, Hsieh C-M. An example of ecological wisdom in historical settlement: The wind environment of Huazhai village in Taiwan[J]. Journal of Asian Architecture and Building Engineering, 2017, 16（3）：463-470.

[38] Tang L, Nikolopoulou M, Zhao F-Y, et al. CFD modeling of built air environment in historic settlements: village microclimate[C] // 2011 international conference on computer distributed control and intelligent environmental monitoring, 2011: 1086-1092.

[39] Chu Y, Hsu M, Hsieh C. The impacts of site selection and planning of a historic settlement on a sustainable residence[J]. Applied Ecology and Environmental Research, 2017, 15（2）：145-157.

[40] 高云飞. 岭南传统村落微气候环境研究 [D]. 广州：华南理工大学，2007.

[41] 杜春兰，林立揩. 云南彝族传统聚落微气候特征分析 [J]. 中国园林，2020, 36（01）:43-48.

[42] 陈成. 基于气候适应性的传统村落植物种植模式研究 [D]. 合肥：合肥工业大学，2020.

[43] 刘琪. 党家村和灵泉村街巷尺度与微气候的关系及应用研究 [D]. 西安：西安建

筑科技大学，2021.

[44] Chen Q, Liu Y.Simulation analysis of the influencing factors on the windenvironment around the hilly terrain[C]. IOP Conference Series：Earth and Environmental Science，2019：8-12.

[45] 惠星宇 . 广府地区传统村落冷巷院落空间系统气候适应性研究 [D]. 广州：华南理工大学，2016.

[46] 林瀚坤 . 适应湿热气候的广州竹筒屋空间模型研究 [D]. 广州：华南理工大学，2012.

[47] 刘穗杰 . 湿热地区建筑气候空间系统设计策略研究 [D]. 广州：华南理工大学，2019.

[48] 刘新星，李承来，郭强 . 浙东古村落广场风环境模拟检验方法研究以马头村法治广场为例 [J]. 城市建筑，2021，18（36）：81-83.

[49] 方焕焕 . 徽州地区传统村落室外风环境研究 [D]. 徐州：中国矿业大学，2020.

[50] 姚泽楠 . 基于微气候的渤海西域村落空间优化策略研究 [D]. 大连：大连理工大学，2021.

[51] Zhang L，Hou J，Yu Y，et al.Numerical simulation of outdoor wind environment of typical traditional village in the northeastern Sichuan Basin[J]. Procedia Engineering，2017，205：923-929.

[52] 李欣蔚 . 渝东南土家族传统民居的夏季自然通风技术研究 [D]. 重庆：重庆大学，2016.

[53] 郭华 . 湘西传统村落民居冬季防风策略的探寻与研究 [D]. 武汉：华中科技大学，2013.

[54] 荣靖宏 . 防风林布局对寒地乡村社区风环境的影响模拟研究 [D]. 哈尔滨：哈尔滨工业大学，2019.

[55] 陈小明 . 湖南丘陵地区农房周边环境要素对自然通风设计的影响 [D]. 长沙：湖南大学，2016.

[56] 董若静 . 基于风环境模拟的湘西传统村落和吊脚楼自然通风传承性研究 [D]. 长沙：湖南大学，2020.

[57] 郭艳 . 山地型传统村落公共聚居空间及舒适度评价研究 [D]. 福州：福建农林大学，2019.

[58] 吕婧玮 . 湘南传统村落空间布局与风热环境的关联研究 [D]. 衡阳：南华大学，2021.

[59] 邵风燕 . 基于 CFD 模拟的西索村风环境的评价与优化研究 [D]. 成都：西南民族大学，2021.

[60] 白晓璐，张茹杰 . 关中平原村落空间形态与风环境关系研究——以渭南市蒲城县许家庄村为例 [J]. 城市建筑，2021, 18（06）：52-54.

[61] 封珍珍，张建新 . 寒冷地区平原型乡村聚落形态与冬季风环境关系研究——以蔡家村和刘家村为例 [C]. // 2019 中国城市规划年会论文集（18 乡村规划）. 中国建筑工业出版社，2019: 1640-1649.

[62] 张欣宇，金虹 . 基于改善冬季风环境的东北村落形态优化研究 [J]. 建筑学报，2016（10）：83-87.

[63] 李夏天 . 耦合于空间形态的传统村落风环境质量研究 [D]. 赣州：江西理工大学，2021.

[64] 张明，周立军，刘芳竹 . 黑龙江省平原地区传统村落冬季风环境研究——以满族拉林镇后黄旗村为例 [J]. 城市建筑，2017（23）：25-27.

[65] 庞心怡 . 微气候视角下的辽东半岛村落空间形态研究 [D]. 大连：大连理工大学，2020.

[66] 吴伟，付喜娥 . 绿色基础设施概念及其研究进展综述 [J]. 国际城市规划,2009,24（05）:67-71.

[67] 王秋平，解锟 . 陕西地区新农村排水系统设计探讨 [J]. 给水排水,2011,47（11）:34-38.

[68] 冯骞，陈菁 . 农村水环境治理 [M]. 南京：河海大学出版社，2011.

[69] 刘滨谊,张德顺,刘晖,等.城市绿色基础设施的研究与实践[J].中国园林,2013,29（03）:6-10.

[70] 李峻峰.乡村绿色基础设施——城乡基础设施一体化新思路[C].//中国城市规划学会.城乡治理与规划改革——2014中国城市规划年会论文集（14小城镇与农村规划）.中国城市规划学会,2014:746-753.

[71] 徐小东,沈宇驰.新型城镇化背景下水网密集地区乡村空间结构转型与优化[J].南方建筑,2015（05）:70-74.

[72] 汪洁琼,邱明,成水平,等.基于水生态系统服务综合效能的空间形态增效机制——以嵊泗田岙水敏性乡村为例[J].风景园林,2017（01）:82-90.

[73] 赵彦博.资源代谢理念下的生态乡村设计研究[D].济南:山东建筑大学,2017.

[74] 吴丹.黔东南岜扒村水生态基础设施规划设计研究[D].西安:西安建筑科技大学,2017.

[75] 武玲.苏南水网乡村景观基础设施韧性规划策略研究[D].苏州:苏州科技大学,2018.

[76] 雷连芳.杨陵毕公村绿色水基础设施规划设计研究[D].西安:西安建筑科技大学,2018.

上卷
鄂西土家族传统聚落
空间形态研究

- 乡村传统聚落空间形态研究概况
- 不同尺度下的乡村聚落空间类型研究

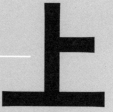

1 乡村传统聚落空间形态研究概况

- 聚落空间形态定义及研究进展
- 聚落空间形态研究内容
- 不同尺度聚落形态研究内容
- 鄂西武陵山区聚落空间形态研究进展

1

1.1　聚落空间形态定义及研究进展

1.1.1　聚落空间形态定义

聚落空间形态这一词语最早源于人文地理学。广义的传统聚落形态不仅体现了聚落空间中各组成要素间的相互联系，而且是在特定地理环境和社会经济下人类生产活动与自然相互作用所形成的空间系统。

关于聚落空间形态，学者们给出了定义。聚落空间形态是由村落本身表现出来的二维平面形态和三维空间形态，随着村落的发展和建设而不断演变。在演变过程中，聚落空间形态受到自然、社会与人为干预的限制，形成了具体的物质空间形态（何峰，2012）。聚落空间形态是人们在自然环境中为了进行生产生活而营造的物质空间，包括自然环境和人们为了适应自然而营造的物质空间（杨明，2021）。在建筑学视角下，聚落空间形态主要是指聚落物质空间层面的实体空间以及人类活动的空间载体，是聚落在其历史发展过程中所呈现出来的整体性的形式。

1.1.2　聚落空间形态研究进展

从 20 世纪 30 年代初开始，国内学者基于地理学、人居环境、社会学以及遗产保护与文化传承等视角去研究聚落形态。《传统村镇聚落景观分析》一书介绍了传统村落的形成，并阐明气候、自然环境等因素导致了不同地区村落的差异（彭一刚，1992）。以费孝通为首的社会学者主要关注聚落演变的研究。有学者从地理学的视角对国内外聚落进行研究，总结其形成、发展和分类体系，分析聚落规划、聚落与自然环境的关系（金其铭，1988）。聚落空间形态的研究内容主要集中在影响因素及演变、保护策略、旅游开发及影响等。学者逐渐采用定量化的方法对其演变规律和形态特征进行深入研究，主要包括聚落空间的建筑肌理、空间结构、影响因素等基础研究，研究方法主要包括类型学方法、分型学方法、空间句法等。Muyu Wang 基于分形学理论去研究林河传统聚落的空间形态，根据分形数值计算后的结果分析聚落内在演变规律和形态特征（Muyu Wang 等，2021）。Li F 和 He S-Y 利用定量化的方法对湘江流域乡村聚落形态进行研究和分析，归纳总结其形态演变机制（Li F，He S-Y，2019）。Zhou Z. 利用类型学的方法对四川阿坝县传统藏族聚落空间形态进行自然与人文两方面的深入研究（Zhou Z 等，2016）。Syarif E. 探讨滨水聚落空间的营建智慧对防灾减灾的影响与适应自然的策略，归纳出聚落空间与自然环境相互融合的地域性智慧（Syarif E 等，2020）。Wei S. W. 从空间、地形、植物、建筑、道路空间形态去营建低碳聚落空间（Wei S. W 等，2014）。连一帆从空间土地利用等对聚落肌理风貌与从时间维度研究空间形态演变，综合自然环境、社会等因素与聚落的耦合关系去探讨聚落空间发展策略（连一帆，2018）。

我国地域存在差异，产生了不同的聚落空间类型，聚落空间形态的研究类型包括水乡聚落空间形态、山地聚落空间形态、平原型聚落空间形态等分支研究，不同类型聚落的空间形态存在显著的差异性。

对于聚落空间形态的相关研究主要包括聚落空间结构、建筑群体布局、空间形态演变机制等。刘畅从宏观到微观研究影响广州典型的传统水乡聚落空间形态的因素，归纳总结传统水乡聚落空间形态形成过程，研究水乡聚落自然与空间形态的关联机制（刘畅，2020）。李晓丽对黄土高原聚落空间形态进行研究，探索适合山地新农村建设的建造模式（李晓丽，2009）。郑有旭通过对数据的分析，构建村落类型划分体系与江汉平原典型村落的空间结构（郑有旭，2019）。

目前，国内外对聚落空间形态的研究体系逐渐完善并有了众多研究成果，主要分为聚落形态演变、聚落人居环境适应气候、聚落保护方式三方面。国内聚落空间形态研究从早期定性研究聚落营造转变为定性与定量相结合的方法，为聚落未来规划发展与更新提供参考依据。

1.2　聚落空间形态研究内容

本节对武陵山区河谷型聚落景观形态的研究以物质空间形态为切入点，从区域到场地逐层递进进行分析。虽然研究框架各有不同，有的按照整体景观形态与要素景观形态进行划分，有的按照平面形态与空间形态进行划分，有的按照内部与外部进行划分，有的按照人工化程度进行划分，但研究内容有类似之处。这里列举相关文献的研究内容并按频次进行排序，筛选出常见研究内容，重新分类后可以得到按宏观、中观、微观视角进行划分的聚落景观形态的研究内容（表1-1）。

表1-1　按宏观、中观、微观视角进行划分的聚落景观形态研究内容

研究视角	研究关注点	研究内容
宏观尺度	背景、环境	地貌、水文、植被、选址、发展演变
中观尺度	结构、布局	聚落空间布局、聚落景观结构、农业景观、排水系统
微观尺度	空间要素	街巷空间、公共空间、院落空间 公共建筑、民居建筑、景观节点、植物景观、边界景观

研究从区域背景到整体结构，再到场地空间，逐层递进，遵循对事物的认知理解顺序。同时，下层基础决定上层建筑，各视角层级的研究环环相扣，彼此关联，逐步对武陵山区河谷型聚落景观形态展开研究。聚落景观形态受多种因素的影响，并反作用于周边事物的形态。例如居民优先选择场地条件良好的地块开垦田地，又因地制宜地将土地塑造为梯田的形态。确定研究逻辑后，根据既有聚落景观形态研究，对场地的人文背景与现状问题进行分析，并针对实际情况筛选出具体研究内容（表1-2）。

表1-2　聚落景观形态具体研究内容

研究视角	研究关注点	研究内容
宏观尺度	聚落选址对 自然环境的适应性	自然地形、河流形态、传统村落选址特征

研究视角	研究关注点	研究内容
中观尺度	传统聚落的 分布与布局特色	聚落与聚落之间的联系、聚落整体形态结构、 聚落内部形态结构（聚落、农田、水环境、道路）
微观尺度	用地限制下的 场地空间塑造	场地竖向空间（单体与群组高差处理）、 房前屋后空间（院坝、檐下、沟渠、菜地）、 线性公共空间（风雨桥、廊道）

1.3　不同尺度聚落形态研究内容

1.3.1　宏观尺度下的聚落形态研究内容

宏观尺度下的聚落形态研究内容是在卫星图的尺度下，对所研究区域建立宏观的背景认知。在这种视角下，一方面容易建立起对整个国土环境的理解，便于对比不同区域的景观特色，抓大放小，快速感知该区域的风景特色；另一方面，对区域的背景了解，有利于深入理解产生该地景观形态的原因，找出事物的本质特征，避免研究成果形式化、碎片化。

1.3.2　中观尺度下的聚落形态研究内容

中观尺度下的聚落形态研究内容是以鸟瞰的视角，建立起对村落尺度的结构认识，将整个流域视为一个系统，理解系统运行规律，明晰系统内部之间各要素的联系。所研究的村落从清朝至今已有三百多年的历史，由一个个点状聚落逐步发展为互相联系的系统，仍然保持着鲜活的生命力。该尺度下对于景观形态的研究类似城市形态研究。

由于尺度较大，宏观层面仅能分析出聚落对自然条件单方向的适应性，将尺度缩小到流域范围后，更能理解聚落与周边环境的相互制约关系。对多个聚落的分布、单个聚落的整体布局、聚落内部各要素的形态进行分析，可以看出聚落与自然条件之间、聚落与聚落之间的相互适应性。实地调研发现，河谷型聚落沿河带状分布。这种分布形态是同姓宗族聚居、农田资源分布、河流分布等多因素带来的结果。聚落分布形态分析围绕这些现象与原因展开。河谷型聚落的整体形态与平坝型聚落在平面上的差别不明显，自身特征主要体现在竖向的分层分布上，故整体形态分析主要围绕竖向分析展开，并结合高程分布进行统计分析。根据当地特点，聚落内部要素可分为建筑、农田、管网与道路等。它们在长期发展过程中形成了顺应自然地形的形态结构。

1.3.3　微观尺度下的聚落形态研究内容

微观尺度下的聚落形态研究内容以人的体验视角观察场地尺度的空间营构经验。如果说区域尺度的景观是自然的杰作，那么场地尺度的空间与人的活动关联较大，更具有烟火气与落地性。当地居民在这种自然条件下，出于对居住、饮食、洗涤等功能的需求，传承了一套独特的生存智慧。

场地尺度的形态表现反映出当地居民改造自然的自主意识。传统的聚落景观形态的形成也多是基于建筑形态。回应宏观层面的分析，地形对聚落景观形态的影响最为明显。因此，从单体建筑与建筑组团两个情景分析建筑对高差的处理手法。而建筑以外，民居周边的空间与聚落内部的公共空间则反映出了居民对空间的功能需求与自身的生存智慧，这种功能与美学的结合产物更能反映出武陵山区河谷型聚落景观的形态特点。

景观要素（例如标志物、植物、材质、铺装）对武陵山区这个区域而言过于细致，对于交通不便的山区，居民改造自然的方式多是就地选材，故场地层面的研究重点在于外部空间形态的研究。

1.4　鄂西武陵山区聚落空间形态研究进展

在鄂西土家族聚落研究方面，学者们试图通过研究形态演变过程、演变规律以及影响因素等，归纳聚落适应气候的策略与聚落保护措施。胡平从自然、人文、经济三方面对鄂西利川、咸丰传统民居进行研究，归纳传统民居聚落保护和开发的策略（胡平，2008）。龙江和李晓峰结合中心地学说与城市对称原理，发现清江流域聚落空间分布呈现对称及破缺形态，进而深挖该空间形态"对称-破缺"的因素（龙江，李晓峰，2021）；杜承原和郭建通过对下黄柏园空间形态的归纳整理得出聚落与自然环境的相互作用，从自然、社会以及人文因素进行总结聚落空间形态形成的内在原因（杜承原，郭建，2020）。王一睿，崔陇鹏从自然和经济两方面对湖北长阳丘陵地区的三口堰村聚落空间进行分析，挖掘其聚落形态演变方式、演变机制等，将其地域营造智慧运用到乡村聚落与自然结合的空间格局中（王一睿，崔陇鹏，2017）。Zheng H. C. 从建筑学和景观学视角对重庆市酉阳县后溪镇河湾山寨土家族聚落进行梳理，利用定量和定性的方法归纳聚落的建设策略（Zheng H. C 等，2013）。肖璐通过对恩施二官寨小溪村整体布局、空间形态以及建筑形态进行调研，从建筑学、文化、生态和美学等方面阐述其价值，进而归纳鄂西土家族民居的保护和传承策略（肖璐，2016）。王通从宏观、中观和微观尺度对鄂西武陵山区传统聚落物质空间形态的风景进行了营构研究（王通等，2021）。张瑞纳对鄂西北冻青沟何氏家族聚落空间形态和民居形制特征进行分析，归纳血缘型聚落与民居空间形态（张瑞纳，2015）。唐典郁对鄂西南土家族血缘型、地缘型和业缘型聚落的空间形态、建筑形制及细部装饰进行分析，归纳土家族聚落保护及规划策略（唐典郁，2014）。胡鑫选取酉水流域的四个典型村落进行空间形态研究，归纳流域半坡型村落的营建模式（胡鑫，2012）。

本章参考文献

[1] 何峰. 湘南汉族传统村落空间形态演变机制与适应性研究 [D]. 长沙: 湖南大学，2012.

[2]　杨明.湘桂走廊桂林段传统商贸聚落空间形态研究 [D]. 杭州：浙江农林大学，2021.

[3]　彭一刚.传统村镇聚落景观分析 [M]. 北京：中国建筑工业出版社，1992.

[4]　金其铭.农村聚落地理 [M]. 北京：科学出版社，1988. 4.

[5]　Muyu Wang, Ruonan Wag, Wenbin Yang.Research on Spatial Form of Traditional Settlements Based on Fractal Theory － a Case Study of Houlinhe Village in Wu'an[J]. Journal of Progress in Civil Engineering, 2021, 3（2）.

[6]　Li F, He S-Y.Study on the Evolution of Spatial Forms of Rural Settlements in Xiangjiang River Basin[J].DEStech Transactions on Engineering and Technology Research, 2019.

[7]　Zhou Z, Yang X, Li N.The Characteristic of Spatial Form of Traditional Tibetan Settlement in Aba County of Sichuan Pro. China Based on the Perspective of Typological[J].International Journal of Environmental Protection and Policy, 2016, 4（6）：155.

[8]　Syarif E, Asniawaty, Nadjmi N, Syadzwina A.Local-Wisdom and Its Influence to Disaster Mitigation on the Spatial Configuration of Lakkang Waterfront Settlement[J] ∥ IOP Conference Series: Materials Science and Engineering. IOP Publishing 2020, 875（1）： 012005.

[9]　Wei S W, Yang Y L, Li Z W.Study on Low-Carbon Settlements Spatial Form Design Strategy-The Case of Northern China[C] ∥ Applied Mechanics and Materials. Trans Tech Publication Ltd, 2014: 599-602.

[10]　连一帆.秦岭乾佑河流域朱家湾村聚落空间形态演变研究 [D]. 西安：西安建筑科技大学，2018.

[11]　刘畅.广州河南岛传统水乡聚落空间形态研究 [D]. 广州：华南理工大学，2020.

[12]　李晓丽.黄土高原沟壑地区山村聚落的空间形态研究 [D]. 西安：西安建筑科技

大学 , 2009.

[13] 郑有旭 . 江汉平原乡村聚落形态类型及空间结构特征研究 [D]. 武汉：华中科技
大学， 2019.

[14] 胡平 . 鄂西传统民居聚落影响因素分析 [D]. 武汉：华中农业大学 ,2008.

[15] 龙江，李晓峰 . 对称 - 破缺：清江流域城镇聚落空间分布形态研究 [J]. 新建筑，
2021（04）：134-138.

[16] 杜承原，郭建 . 鄂西南酉水流域传统聚落空间形态及成因探析——以来凤县下
黄柏园为例 [J]. 建筑与文化 ,2020（10）：250-251.

[17] 王一睿，崔陇鹏 . 鄂西丘陵地带乡村聚落空间布局及形态演变——以长阳三口
堰村为例 [J]. 华中建筑 ,2017, 35（10）：81-85.

[18] Zheng H C, Chen C Q, Tang L, et al. Research on the Spatial Construction
Strategy of Traditional Settlements for the Tujia Nationality[C] ∥ Applied
Mechanics and Materials, 2013: 120-128.

[19] 肖璐 . 鄂西土家族传统村落居住形态研究 [D]. 武汉：湖北工业大学 , 2016.

[20] 王通，杨瑞祺，尚书棋，等 . 鄂西武陵山区乡村聚落景观营构传统研究 [J]. 风景
园林 , 2021, 28（05）：107-113.

[21] 张瑞纳 . 清代鄂西北山地血缘型聚落与民居空间形态研究 [D]. 武汉：华中科技
大学 , 2015.

[22] 唐典郁 . 鄂西南土家族传统聚落类型与空间形态研究 [D]. 武汉：华中科技大
学 ,2014.

[23] 胡鑫 . 鄂渝酉水上游流域半坡型典型村落景观形态研究 [D]. 武汉：华中农业大
学 , 2012.

2 不同尺度下的乡村聚落空间类型研究

- 宏观尺度下的乡村聚落不同空间类型研究
- 中观尺度下的乡村聚落不同空间类型研究
- 微观尺度下的乡村聚落不同空间类型研究
- 武陵山区乡村聚落形态模式与机制总结

2

本章将从宏观尺度对团状密集型、带状聚居型和点状散布型三种不同空间类型乡村聚落进行研究。从宏观尺度下对聚落的概况、选址、历史沿革以及空间布局进行空间形态的详细阐述；从中观尺度下对聚落的街巷尺度、建筑密度、坡度以及不同空间单元模式进行不同空间类型的研究；从微观尺度下对不同聚落的公共空间类型进行划分和阐述。

2.1　宏观尺度下的乡村聚落不同空间类型研究

本节研究首先介绍团状密集型、带状聚居型以及点状散布型三种聚落空间类型，然后从村落的历史沿革、空间形态演变研究其对选址与空间布局的适应性，从而构建聚落空间形态的关联性研究。

2.1.1　团状密集型——以滚龙坝村为例

团状密集型聚落一般位于地形平缓处，建筑呈现层级密集型分布，规模一般在数十户以上；聚落一般为血缘型村落，建筑由村落中心向边缘扩张，内部具有一定秩序性。

（1）滚龙坝村概况。

滚龙坝村位于恩施崔家坝镇的东南部，离鸦鹊水集镇仅2千米。318国道和沪渝高速公路从村落北面经过，是大杂居、小聚居之地。因村中左有尖龙河、右有洋鱼沟，如滚龙滔滔而得名。早期的村民从四川彭水迁至滚龙坝。汉民族文化与恩施地方传统文化在此融合，从此形成了滚龙坝独特的建筑文化与宗族文化。

（2）历史沿革。

滚龙坝村是鸦鹊水村中的自然村之一，从早期的施宜古道和军事要地逐渐演变成村落的现状，该村落的历史沿革如图2-1所示。滚龙坝村落内分布着保存较好的明清传统民居，融合了土家族与汉族文化。村落的空间格局基本保留了早期的空间机理。

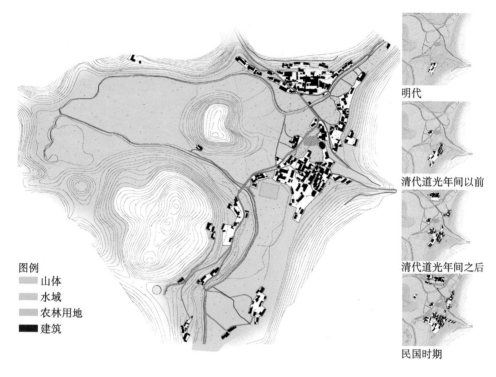

明代

清代道光年间以前

清代道光年间之后

民国时期

图2-1　历史沿革图

村落由南侧的老屋场、北侧的石狮子屋场和中村传统建筑群组合而成。中村的传统建筑保存较差，而石狮子屋场的传统建筑大多保留了原来的建筑风貌。传统建筑大多建于明清时期至20世纪50年代，建筑形式多为单坡屋顶的砖石结构建筑。

（3）村落选址。

滚龙坝村四周山体环抱，村落南北两面分别是尖龙河和洋鱼沟，两条河流将村落围绕其中，这也是滚龙坝村得以命名的由来。滚龙坝村的选址与空间布局是土家族村落中为数不多的"风水瑰宝"，它受到传统风水营建模式的影响，如图2-2所示。村落中保留有恩施目前规模最大的明清古建筑群和古墓葬群落。

（4）传统建筑。

滚龙坝村的传统建筑遗留丰富，保存有多处明清建筑和民国时期的民居建筑，如图2-3所示。建筑融合了土家族和汉族的文化特色，形制以吊脚楼为主。为了满

图例
　山体
　水域
　农林用地
　建筑

图 2-2　滚龙坝村选址分析

向存道大宅

中村古建筑群

四房屋基

图 2-3　传统建筑图

足生产生活的需求而修建的围屋，内部修建有四合天井。村落整体从远处看去变化多样。滚龙坝村现存古建筑和街巷数量颇丰，形式丰富。街巷错落有致，院落格局完整。传统建筑风貌包括槽门、凉巷、青瓦及细部装饰等。保存较为完好的建筑有狮子屋场。

　　滚龙坝村传统建筑按照建造年代分为以下 4 类，如图 2-4 所示。①明清时期建筑。以石狮子屋（向致道宅）为典型代表，民居建筑风格具有土家族和汉族文化的特色，以黑、白、灰等比较淡雅的色彩为基调。②民国时期建筑。建筑形式大多延

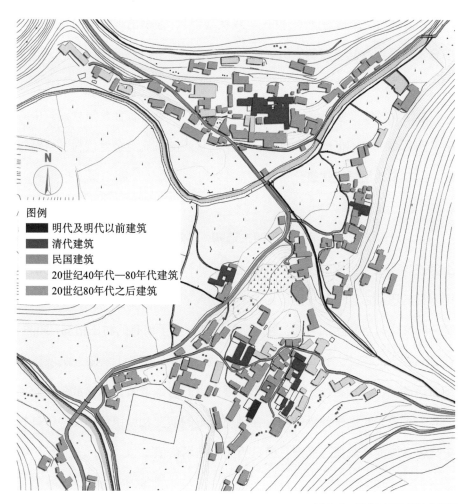

图 2-4　滚龙坝现状建筑分类图

续了传统民居的特色,以向子美宅为代表,它建于民国末期,多为四合天井式木构建筑。③20世纪40年代至80年代的建筑。该时期建造的建筑大多采用坡屋顶,仍然延续了历史风貌特征,共计十余栋,典型代表是新学堂屋。④20世纪80年代之后的建筑。该时期建造的建筑大多采用平屋顶,建筑体量不尽相同,以白、灰、红为基本色调,部分建筑采用现代建筑材料进行贴面,建筑与村落原先的传统建筑风貌差异较大。

2.1.2 带状聚居型——以金龙坝村为例

带状聚居型聚落沿河岸分布,呈线状或带状,很少出现横向发展,规模一般不大,部分聚落是在古盐道商贸的历史背景下形成的场所,后来逐渐形成带状的聚落形式。

(1)金龙坝村概况。

金龙坝村位于恩施偏远的西南深山一隅,村落沿着金龙河营建。中心地带的地形是四周高、中间低的狭长盆地,金龙河从西向东流经金龙坝村,自然生态环境较好,500余栋吊脚楼建筑分布在村落各处。

(2)历史沿革。

金龙坝传统村落最早起源于明末清初。"湖广填四川"时陆续有湖南地区汉族、土家族、苗族、侗族等民族的百姓迁居于此,繁衍生息。随着湖南龙山—利川、四川万县的巴蜀古盐道的兴盛,人口不断迁入,并逐渐被本地区土家族同化,形成了统一的文化习俗和生活习惯。金龙坝村逐渐形成了现有的村庄格局,如图2-5所示。在20世纪30年代土地革命战争时期,贺龙元帅曾率红军在金龙坝村驻扎,开展革命运动。金龙坝村作为湘鄂西革命根据地的边缘地带,革命武装在此地斗争长达三年。金龙坝村由于深处山林,在经历历史的演变和城镇化建设中,其村落以及历史文化古迹的风貌保存完好,极具历史和艺术价值。

(3)选址与格局。

金龙坝村平均海拔900米,位于山环水抱之处。村落中心地带的地形是四周高、

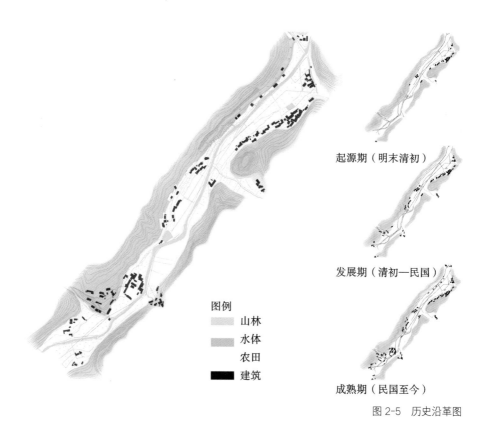

起源期（明末清初）

发展期（清初—民国）

图例
山林
水体
农田
建筑

成熟期（民国至今）

图 2-5　历史沿革图

中间低的狭长盆地，河两边的大坝上是成片的水田。

（4）传统建筑。

金龙坝村传统建筑以民居为主，村中吊脚楼群已有数百年历史，土家族吊脚楼大部分建筑样式基本可以在此处找到，如图 2-6 所示。由于受到自然环境、气候、建筑材料和交通的影响，当地建筑基本采用吊脚楼的建筑样式进行营建。在 20 世纪 80 年代之前建造的建筑多采用木瓦结构，其中吊脚楼数量占全村建筑的 60%，随着时间推移，吊脚楼受到不同程度的损坏。部分村民采用砖混结构去建造建筑，导致村落传统建筑风貌发生了改变。新建的民居与吊脚楼在建筑风格上不一致，部分居民外迁，导致吊脚楼群无人管理逐渐损坏，如龙潭堡组陈家大院。

金龙坝村规划区域内现状建筑按照建造年代分为以下三类，如图 2-7 所示。①民国时期建筑。以张信德宅为代表，为传统的土家三合水式吊脚楼，龛房歇山屋

金龙寨吊脚楼群   金龙小寨   山谷中的吊脚楼

图 2-6   传统建筑图

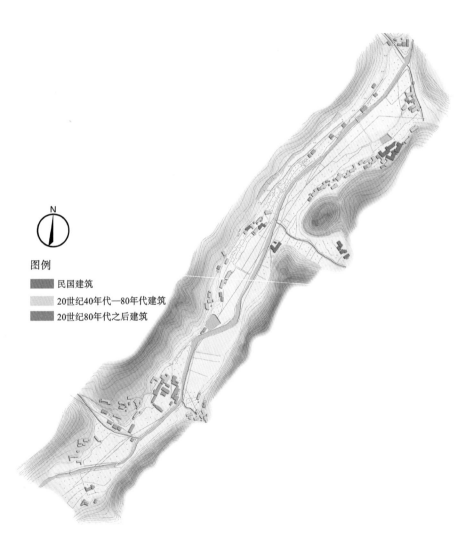

图例

■ 民国建筑

20世纪40年代—80年代建筑

20世纪80年代之后建筑

图 2-7   金龙坝现状建筑分类图

顶飞檐翘角，下层为满足生产生活需求的围屋。这些古建筑群很大程度上体现了金龙坝村吊脚楼群的较高建造工艺，共计 4 栋。其中，以坝子中部河边孤宅的建造艺术为最高，该建筑为三合水二层样式，独立于山间河畔，建造规模较大。② 20 世纪 40 年代至 80 年代建筑。该时期建造的建筑在建筑样式上基本延续了早期传统民居的特色，以"钥匙头"式、"一明两暗"三间式吊脚楼居多。③ 20 世纪 80 年代之后的建筑：该时期建造的建筑基本采用平屋顶，建筑在色彩上以白、灰、红为主，共计十余栋。部分建筑采用现代建筑材料进行贴面，新建建筑与村落传统建筑风貌差异较大。

2.1.3　点状散布型——以二官寨村为例

点状散布型聚落建筑分布较为松散，没有几何中心，一般选择地形平缓的区域，沿河呈散点状分布，聚落规模较小。早期由数户建筑逐渐向外扩散，建筑没有呈密集分布的形态。

（1）二官寨村概况。

二官寨村位于云贵高原边缘鄂西南山区，境内小溪河和旧铺河属于乌江水系，在百步梯官渡河相汇后，二官寨村总体地形为两溪相连、一山分隔。二官寨村位于盛家坝西北侧，下辖 5 个自然村，面积 37.6 平方千米，平均海拔 1000 米。二官寨村形成于明末清初时期，随着茶盐古道的商贸发展逐渐演变成现今的村落规模，在土家族传统村落中极具代表性。

（2）村落格局。

二官寨村的选址与空间布局受传统山水模式的影响，每个村落均位于藏风聚气之处，农田分布在村落各处。这是村落传统特色的重要体现之一，发展中应注意保护这种格局不受破坏。二官寨村山水奇特秀丽，下辖 5 个自然村，分别是小溪村、旧铺村、洞湾村、圣孔坪村与二官寨，村落以聚族而居为主。

（3）历史沿革。

以旧铺村为例，旧铺村为二官寨村下辖的一个自然村落，位于星斗山余脉，其山势为南北走向，村庄面东而居，村前旧坡河为恩施境内第一大河流——马鹿河的重要支流。旧铺是旧时古盐商必经之地，平均海拔 700 米，100 多栋风貌较好的土家吊脚楼分布在此。梯田分布在河流两侧，随着时间的演变，村落规模逐渐扩大，如图 2-8 所示。村落中建筑规模较大的康家大院在溪流环抱之处，以四合天井八口排列。康雍年间"湖广填四川"时，康光壁、康仁成等 20 人从湖南迁至湖北恩施，旧铺康氏系宝庆府湘乡县迁来，康氏祖先散居于舍田与周边山地。咸丰年间，康明达修建五进堂，其由朝门、亭子、三进堂屋组成，坐西朝东。民国时期至 20 世纪80 年代，随着家族人口的增长，周边建木架民房，有撮箕口、钥匙头、一字形一层、二层。其中建筑规模最大的即为"新院子"吊脚楼群。旧铺村的大部分木质结构半杆档式吊脚楼建筑保存完好。

（4）传统建筑。

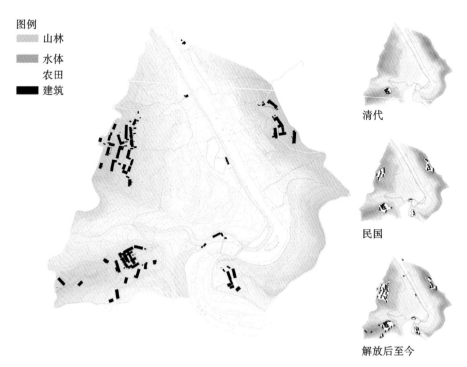

图例
　山林
　水体
　农田
　建筑

清代

民国

解放后至今

图 2-8　历史沿革图

　　旧铺村的历史建筑群由康家大院及其周边建筑、"新院子"的吊脚楼群以及分布在山体各处的建筑组成，如图 2-9 所示。康家大院始建于清咸丰年间，为旧铺康氏历史名人施南府邑庠生、丫岔府官吏康明达修建。1974 年曾遇火灾，现状建筑为原来建筑区域重新建造。

　　旧铺村规划区域内现状建筑按照建造年代分为以下四类，如图 2-10 所示。①明清建筑：该时期的建筑仅有一处为康家大院。②民国时期建筑：由康家大院周

康家大院吊脚楼群

新院子吊脚楼群

图 2-9　传统建筑图

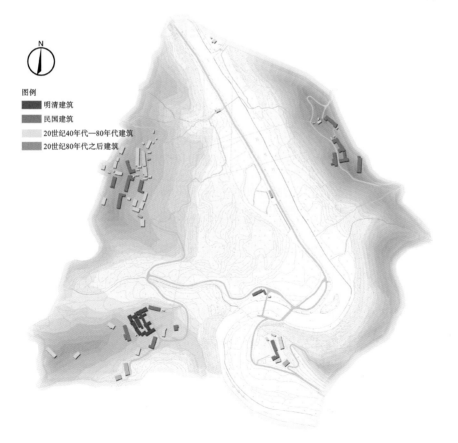

图例
■ 明清建筑
■ 民国建筑
□ 20世纪40年代—80年代建筑
■ 20世纪80年代之后建筑

图 2-10　二官寨现状建筑分类图

围的几座建筑与"新院子"的几座建筑组成。③ 20 世纪 40 年代—80 年代建筑：该时期的建筑占村庄民居建筑的大多数，建筑形式保持了传统的民居特色，以"钥匙头"式、"一明两暗"三间式居多。④ 20 世纪 80 年代之后的建筑：该时期的建筑基本采用平屋顶，层数为 2 ~ 3 层，色彩以白灰为主，有 2 ~ 3 栋。

2.1.4　不同类型聚落空间形态总结

三种类型聚落在村落选址上，山环水抱，藏风聚气，符合空间营造模式。但是在不同类型聚落中，村落为了满足其生产生活的需求，表现出对地形、气候等自然条件的适应性。随着村落的扩张和演变，在建筑样式上逐渐采用现代材料建造，对村落原有风貌造成视觉和空间形态上的冲击。

2.2　中观尺度下的乡村聚落不同空间类型研究

2.2.1　不同建筑密度对聚落风环境的影响

通过对肌理形态参数数值变化与空间形态变化进行研究梳理后发现，建筑密度的增大会使空间更加密集，建筑密度的减小则使得空间变得相对开敞。不同的建筑密度对聚落风环境会产生不同的影响，而随着建筑密度的增大，平均风速、舒适风区与静风区等指标都会呈现一定的相关性。通过调整建筑密度可以改善内部风环境舒适度，在地势平缓的聚落中，通过对单位面积内不同密度的建筑进行风环境模拟可得出建筑密度与风环境之间的关系，将风环境调整为一个较优状态，从而为乡村聚落未来规划提供风环境优化的规划模式和经验。

2.2.2　不同空间单元模式

聚落内部气候受植物、建筑、山体、农田等要素影响，不同要素的组合形式会产生不一样的风环境规律。聚落由山、水、林、农田、建筑等要素构成，在竖向上呈现"山—水—林—田"的空间格局。通过对临水型聚落空间组合进行分析，不同聚落对各要素的组合会形成不同的空间单元模式。本书对 24 个临水型聚落各要素组合形成的空间单元模式进行划分，将其分为农田与建筑镶嵌布局、山体—建筑—梯田—河流、建筑布局在农田内部以及林地—建筑—农田—河流四种典型类型，如图 2-11 所示。

农田与建筑镶嵌布局

山体—建筑—梯田—河流

建筑布局在农田内部

林地—建筑—农田—河流

图 2-11　聚落不同空间单元模式

2.2.3　乡村聚落不同街巷类型

（1）不同类型的街巷空间。

通过对临水型聚落卫星图及平面肌理形态分析，大多数聚落街巷整体结构呈鱼骨状分布，部分聚落呈带状分布，街巷为网格状。在局部区域，街巷分布形状为"十"字形和"丁"字形，如图 2-12 所示。

（2）不同空间尺度街巷组合。

聚落为了适应地形而选择不同的街巷空间组合，不同尺度的街巷使得聚落在平

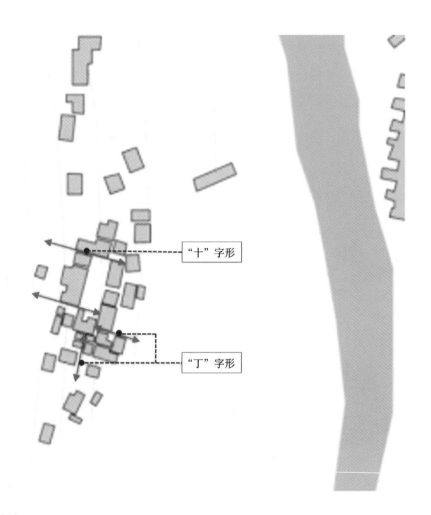

"十"字形

"丁"字形

图 2-12 聚落街巷类型

面形态上变化丰富。在鄂西地区的土家族聚落，吊脚楼往往采用屋檐出挑的方式，形成了不同尺度的街巷，这也使人在其中有了不同的空间认知体验，街巷的空间组织还有利于改善聚落的风环境。街巷不同空间尺度对日照有不同程度的影响，这使得日照面积和阴影面积分布不均，造成街巷内部存在温度差异。街巷不同空间尺度如表 2-1 所示，街巷宽高比比值越小，代表街巷水平尺度越宽，街巷内部的日照面积越大，建筑接受太阳辐射量越多，街巷内部的温差也会越大。

表 2-1　街巷不同空间尺度

图例	街巷宽度	街巷宽高比
	1～2 m	0.8～2.0
	2～3 m	1.3～2.6
	3～5 m	>2.5

2.3　微观尺度下的乡村聚落不同空间类型研究

2.3.1　不同聚落的公共空间类型

通过卫星图和现场调研发现，鄂西武陵山区传统聚落的公共空间一般位于空间较为开敞的区域。公共空间具有一定的边界，边界的围合度、高度等要素对公共空间内部微气候具有一定的调节作用。根据公共空间单元的开敞程度，公共空间可分为开敞、半开敞、围合三种类型。对公共空间进行植物、建筑等要素的布局调整可以改善景观空间形态。

2.3.2　不同聚落的建筑组团空间类型

建筑围合成的空间往往可以作为村民活动、交谈的活动场所，对其构成要素进行研究有助于筛选影响环境舒适度的因素。建筑围合成的空间由底界面、侧界面组成。底界面由砌块、卵石等人工铺装而成。底界面的材质会使空间内部的小气候形成差异，延续其空间组团的划分。侧界面一般由建筑或植被围合而成，其围合程度能够影响冬季风环境舒适性。底界面与侧界面材质的选择与建筑的空间布局对聚落公共聚居空间起到调节的作用。

2.4　武陵山区乡村聚落形态模式与机制总结

2.4.1　武陵山区河谷型聚落形态模式

本书以武陵山区恩施州宣恩县沙道沟镇龙潭河两岸具有传统地域特色的聚落为例，从宏观、中观、微观三个视角对聚落景观形态展开研究。以类型学研究的方法，选取河谷型这一特殊而典型的聚落选址类型，探讨武陵山区的区域景观特色，对武陵山区河谷型聚落景观形态进行总结。

从区域的视角，武陵山区地形丰富多样，整体地势西北高而东南低，大部分为高程 1000 m 以下的低海拔地区（73.24%）、地形起伏度为 70～500 m 的丘陵与小起伏山地（89.32%），大量分布峰丛、峰林等喀斯特地貌，在沟谷间形成了树枝状河流水网。封闭的山体使得交通不便，大量具有地域传统风貌的村落得以留存，大多传统村落的选址位于高程为 500～1100 m 的低海拔地区（74.07%），坡度为 0～7°的缓坡地（82.72%），朝向随山体坡向变化，具有因地制宜、顺应地势的特点。

从村落的视角，对各聚落间的分布特点与交通联系、聚落的整体空间布局、聚落各层要素的形态特征进行逐步细分与拆解。河谷型聚落错落分布在河谷两侧，通过吊索桥或其他形式的桥梁连接，公路分布在河流两侧，横向串联起各个聚落。聚落大多以坪、坝、湾等表达临水地形的文字作为通名，以宗族姓氏作为专名，以 20～30 户为规模聚集生活。聚落在竖向上呈现"山—房—田—水"的空间格局，具有"八山半水一分半田"的分布特征。建筑朝向随等高线变化，正屋平行于等高线，呈层状分布。农田一般分布在聚落建筑周围，尤其是聚落与河谷之间，呈现波浪状的梯田形态。供水系统由山腰的蓄水池、连接到各户的输水管、各户庭院的水龙头组成，排水系统由村内公共的明沟暗渠、各户房前屋后的排水沟共同构成。道路有垂直于等高线的阶梯、平行于等高线的平路与斜切等高线的缓坡三种形态，共同构成鱼骨状的道路系统。

从场地的视角，对场地竖向空间处理、房前屋后的空间利用、公共交通空间营造进行深入研究。建筑单体呈现出正屋平行于等高线、横屋垂直于正屋分布的布局特点。处理高差的形式主要为正屋起吊与横屋起吊两种。下层空间以吊脚或围栏形式处理，作为储物、养猪等功能空间。建筑组团之间的竖向处理以挡土墙与护坡为基本方式，结合平行或垂直于建筑方向的高差进行处理，同时满足光照、排水、交通等功能需求。房前屋后的活动空间包括院坝空间、檐下空间、屋侧沟渠、家庭菜地等，满足当地居民交流、晾晒、存储、排水、种菜等多种功能需求。风雨桥、檐下廊道这两类空间在满足交通需求的同时，也发挥了交往空间的功能，体现了聚落内部公共空间的特点与当地居民的营建智慧。

中国国土广袤，不同的区域形成了不同的地域性景观。相对于其他山地聚落，由于气候条件、地质条件及历史背景的不同，武陵山区河谷型聚落所呈现出景观形态在以下方面更能体现出地方特色。①在地形起伏大、土壤蓄水能力偏弱的武陵山区，农田布局决定了聚落的布局，限制了聚落的规模与建筑的分布，形成了"山—房—田—水"的整体格局。与分布在贵州的侗族山地居民不同，武陵山区实行的"庄屋制"使得人们在农忙季节于农田边搭建临时住所，农田不限制聚落的规模与形态。②武陵山区的岩溶地质条件使得土壤蓄水能力相对较弱，农田多呈现出旱田的形态，且农田围绕建筑分布，规模一般仅供居民自给自足。而云南的哈尼梯田虽然同样呈现出梯田的形态，但在当地湿润多雨的气候及肥沃的土壤条件下，农田规模相对较大，多用于种植经济作物，且多为水田，形成壮观的梯田景观。③武陵山区的河谷型聚落形态受到当地民族文化的影响，在土家族强烈的家族信念下，聚落的内向凝聚力较强，聚落之间相互联系又互相独立，在用地限制下形成 20～30 户的中小规模，儿女分家也多在原宅的基础上加盖或在附近重建，形成了"U"形老宅位于聚落中心地带、"L"形与"一"字形的新建建筑散布在周边的建筑布局特点。

综上所述，武陵山区河谷型聚落的景观形态是在自然条件基础上，在当地居民的实际功能需求下，各个景观要素之间相互制约与影响，最终呈现出的兼具实用与美观的形态表现。武陵山区河谷型聚落景观形态模式总结见表 2-2。

表 2-2　武陵山区河谷型聚落景观形态模式总结

尺度	类型	形态描述
宏观	自然形态	①地形地貌：大量分布峰林、峰丛等形态的山体，地形起伏明显，沟壑丛生 ②水网形态：树枝状，支流多
	聚落选址	低海拔，缓坡地，朝向随山体变化；以溪、沟、湾等表达临水含义的字命名
中观	聚落分布	形成 20～30 户的规模，以宗族为单位聚居；沿河散布，桥梁沟通，背山面水
	聚落整体结构	山体呈"V"形，"山—房—田—水"层状分布，八山半水一分半田
	聚落内部要素	①建筑：正屋平行于等高线分布，横屋垂直于正屋，"一"字形基础上扩建为"L"形、"U"形。 ②农田：一村一组团，梯田形态，旱田为主，以石块或植物护坡形成田埂。 ③沟渠：各户用水排水端与沟渠相互联系成系统，利用高差排水，随泄洪沟、道路等一同修筑。 ④道路：垂直、平行或斜切于等高线，呈鱼骨状
微观	建筑高差处理	正屋起吊、横屋起吊，龛子垂直于等高线；利用护坡与挡土墙分割，阶梯交错联系各户
	房前屋后空间	①院坝空间：在正屋前、横屋之间围合起院坝，建筑形态与场地条件决定院坝形态。 ②檐下走廊：地面较院坝稍高，外侧与屋檐滴水线齐平。 ③屋侧沟渠：屋顶坡度与瓦片排列使得雨水自然流向与滴水线正对的沟渠。 ④家庭菜地：散落分布在民居附近，面积小，用于种植当季蔬菜
	公共交通空间	①风雨桥：廊桥形式，内设栏杆与座板。 ②檐下廊道：两侧民居的屋顶围合起廊道空间

2.4.2　武陵山区河谷型聚落形态形成机制

功能决定形态，武陵山区河谷型聚落所呈现出的景观形态是在当地居民的实际使用需求与自然环境相互作用下形成的。武陵山区是一个多民族聚居区，也是川盐古道上重要的一环。前人对于武陵山区的民族文化、线路遗产等研究成果十分丰厚，对于该地景观形态的动力学研究已有相关成果。本节在前人研究的基础上，对聚落景观形态的模式进行提取，针对河谷型聚落这一类型对景观形态背后的本质影响因素进行探讨。

自然景观形态的形成是多种因素叠加的结果。数亿年前，中国南方还是汪洋大海，海洋生物的骨骼不断沉积，堆积形成了总厚度达 10 km 的碳酸盐岩地质层。约 6500 万年前，向北漂移的印度板块与亚欧板块碰撞，武陵山脉在此过程中隆起。抬升为陆地的碳酸盐岩地质层在南方湿热的气候及大流量的降雨下，被溶蚀出一道道凹槽，日积月累，水滴石穿，形成了峰丛、峰林形态的喀斯特地貌，汇聚出了树枝状的水网形态。

自然条件对聚落景观形态的影响最为明显，主要表现为以下几点。①在生产工具相对落后的古代，人们对自然的改造能力相对有限，由于物质资源相对匮乏，山区的交通也极为不便，因此，居民对聚落的选址要求更高，聚落选址应当满足防洪防涝、向阳、便于取水等基本生存需求，目前所看到的传统村落的选址基本满足此类需求。②山地中的平地相对稀少，土壤蓄水能力较差，而粮食是生存所必备的，因此农田在选址布局过程中被优先考虑。农田通常布局在相对更为平坦的地方，地形高差通过修筑梯田的方式消解，利用石块与植物修筑田埂保持水土。由于土壤蓄水能力与降雨条件的不同，闻名遐迩的云南哈尼梯田多为水田，而武陵山区的梯田则多为旱田。而建筑建造在山脚下，利用吊脚等工艺处理高差。这种布局形态有房屋视野开阔、通风防潮的优点，此种布局逐渐稳定下来形成了当地的聚落布局传统。③由于武陵山区的平地与缓坡地分布较为零碎，因此聚落呈现出分散且孤立的分布状态，聚落的规模也受到了限制，呈现出以二三十户为规模，以宗族为单位聚集的聚居形态。

　　自然条件除了对聚落的选址与布局有制约作用，也对聚落的空间形态具有促进作用。当地居民根据实际使用需求，充分结合地形，利用高差设置管网沟渠。在山顶或山腰挖设储水箱，存储雨水，并通过自然沉淀净化水质，将管道连接至各户，在重力的作用下，各户居民打开水龙头便可取水。值得一提的是，平原地区的农村聚落常挖设水井以抽取地下水，而喀斯特地貌区域的土壤孔隙度大，蓄水能力差，使得该地区采取地下水比较困难。生活用水的排放同样利用"水往低处流"的特点，从每家每户的院坝流向位于低谷的河流，生活用水经过土壤与植物的净化流入江河，这也是"山—房—田—水"的竖向布局带来的流向优势。

　　武陵山区交通不便，生活着众多少数民族。不同的民族有不同的聚落景观形态，例如生活在山区的苗族与土家族的民居形式多为吊脚楼。对武陵山区的聚落而言，战乱带来的民族迁徙，与外界交通不便，聚落的内部凝聚力格外强烈，聚落的宗族信仰相对较强。除了以宗族姓氏作为聚落名称的特点以外，当地居民的宗族聚居习惯也对建筑形制产生了影响。儿女分家之后常常在原建筑的基础上进行加建，以达到同堂生活的目的，从而形成了在"一"字形平面的民居基础上衍生出"L"形平面与"U"形平面建筑的现象。观察聚落的平面布局不难发现，"U"形平面建筑常常分布在聚落中央，也可以说明这一家人子孙满堂，在此居住的时间最长，更有宗族威望。

　　在有限的条件下，当地居民不断调整，逐渐摸索出一套满足生活需求且对外部干涉较小的生存智慧。聚落规模小且可用土地少，为了满足晾晒、休息、挡雨、排水等需求，院坝、檐下走廊、沟渠充分结合民居形态，避免占用公共空间，家庭菜园被见缝插针地安排在各种边边角角的地方，连风雨桥与民居之间的廊道这种交通空间也承担起公共活动空间的功能。在建筑材料的选择上，就地取材，如彭家寨铺设的青石板即是当地的乡土材料。

　　对于河谷型聚落，水是影响聚落景观形态的重要因素。经过研究发现，聚落临水实际上是结果而不是动因，在当地多雨的气候与喀斯特的地质条件下，低洼处被雨水冲刷，形成相对平坦的地带。聚落选址的决定性因素在于坡度，因此，汇聚了溪流的山谷地带聚集了众多聚落。山谷的河流同时也对聚落景观形态起到一定的塑造作用，例如，从朝向来看，建筑背山面水，形成了正屋平行于等高线而横屋垂直于等高线的格局；从防潮的角度来看，建筑采用正屋起吊或横屋起吊的方式防潮，形成了吊脚楼的建筑风格；从高差利用的角度来看，沟渠结合建筑与道路挖设，形成了独特的管网结构。

现代工程建设逐渐由适应自然转向了征服自然，在景色优美但场地条件复杂的乡村直接平整土地，建设高楼林立的度假村，这不仅使得乡村风貌趋同，还可能带来安全隐患。传统村落所呈现出的聚落景观形态背后是当地居民敬畏自然、适应自然的价值观，所沉淀出的选址、布局、营建智慧值得我们学习与传承。

中卷　鄂西土家族传统聚落风环境空间研究

- 鄂西土家族乡村临水型聚落空间形态与风环境基础研究
- 风环境模拟与评价的方法
- 鄂西土家族临水型聚落空间风环境实例模拟研究
  ——以宣恩县彭家寨为例

3 鄂西土家族乡村临水型聚落空间形态与风环境基础研究

- 鄂西土家族临水型传统聚落概述
- 鄂西土家族临水型聚落空间形态研究
- 风环境与聚落空间形态的关联研究

3

3.1 鄂西土家族临水型传统聚落概述

3.1.1 鄂西土家族传统村落概况

（1）地理位置。

鄂西土家族传统聚大多分布于湖北省西南部恩施土家族苗族自治州，全州面积24060.26 km²，包含恩施市、鹤峰县、巴东县、利川市、建始县、来凤县、宣恩县以及咸丰县8个市县，位于鄂、湘、渝交汇处，如图3-1所示。土家族聚居地位于山区之间，受外来的影响较小，形成了很多极具特色的代表性聚落，如盛家坝乡二官寨村、大河镇五道水村徐家寨等。

图3-1 鄂西地理区位图

（2）鄂西地区气候特点。

鄂西地区属于亚热带季风性山地湿润气候，夏季闷热潮湿，冬季无酷寒。境内河网纵横，山峦密布，气候复杂，呈现出垂直气候差异和局部地区的气候差异性，在河谷地区尤为显著。气温随着海拔增加而逐渐降低，气候与山水格局密切相关。年平均气温为 16 ℃，年降雨量 1400～1500 mm，雨季为 5—8 月。鄂西地区聚落气候适宜，四季分明，由于北面大巴山、巫山的屏障遮挡作用，在冬季可减弱冷空气向南面侵袭，夏季潮湿空气难以散去，造成闷热潮湿。山河交错、海拔高低差异使得垂直气候的分带性和局部区域的气候与其他地区呈现明显的差异。

（3）地理自然环境。

鄂西地区面积广阔、山峦纵横，河流分支众多，山脉大部分呈现西南至东北走向，而河流大致与山体走向一致。地处武陵山区东部海拔在 1000～3000 m 的山脉，山体为喀斯特地质，多为连绵的馒头状溶丘，其总体环境分为峰林和峰丛两种地貌类型，属于云贵高原东部的延伸部分，属于第二梯级地势。鄂西地区有酉水、清江贯穿在层层山谷之间。

（4）土家族传统聚落介绍。

对鄂西传统村落进行统计，得出 81 个中国传统村落，由第一批次到第五批次，分别为 14、9、14、6、38 个，如表 3-1 所示。其中第五批次呈现突然增加的趋势。按县市传统村落数量排序分别为来凤县 20 个、利川市 18 个、宣恩县 15 个、恩施市 12 个、咸丰县 8 个、鹤峰县 5 个、建始县 2 个、巴东县 1 个。从空间分布情况来看，传统村落主要分布在南侧。

表 3-1　鄂西土家族传统聚落批次

批次	第一批次	第二批次	第三批次	第四批次	第五批次	总计
数量 / 个	14	9	14	6	38	81
比例 /（%）	17	11	17	8	47	100

鄂西地区的土家族聚落主要聚居在宣恩、来凤两个县。该地区山峦重叠、河流

众多的自然条件，使得土家族的先民选择在此聚居。当地居民在选址和空间布局时讲究依山傍水，聚落大多分布在河流两侧并顺应等高线布局。

土家族聚落最有特色的是吊脚楼样式的建筑，正屋建在相对平坦的地方，厢房由柱子支撑，下部空间可满足堆放杂物等生产生活的需求。建筑布局一般顺应等高线，布局较为灵活，没有明显的边界和中心，整体呈背山面水的格局。土家族聚落没有内聚性，户数在几户到数十户之间，规模较小，大多沿河流带状分布或顺应等高线呈现层级分布。

在 81 个土家族传统村落中，大部分传统村落选址分布在海拔低于 1000 米的地方，超过 80% 的村落选择在坡度小于 15°的区域，村落在进行选址时优先考虑平坝或者坡度较为平缓的地方。从坡向的视角对村落进行分析，村落为了更好地得到日照条件，多选择西南朝东北或者西坡；受到季风和光照的影响，分布在北向的村落较少。总的来说，土家族传统聚落选址在河谷和缓坡地，在低海拔、相对平缓的地方聚集，村落为了适应地形和山体朝向，以"位于阳坡、舒适、顺应地势"的原则进行选址和空间营造。

（5）土家族的历史沿革。

了解土家族聚落的历史有助于理解当地传统聚落空间形态。春秋时期，巴人活跃于江汉平原一带，后来楚国崛起，经过巴楚战争后，战败的巴人被迫南迁，部分巴人逃至武落钟离山，并推举出领袖廪君，随后逐渐扩张并重建巴国（现今清江流域聚落中还留存部分古迹）。巴国被灭后，巴人逃至武陵山区，并与当地的原住民共居，由于群山阻隔了与外界的交流，形成了一个较为稳定的族体。后与汉文化相融合，逐渐演化成现今具有地域特色的土家族聚落。

3.1.2　聚落空间格局特征

（1）山水地貌形态。

鄂西地区属于喀斯特地形地貌，由于自然环境演变与人为建设两方面原因，形成了峰丛和峰林两种地貌景观形态，如图 3-2 所示。

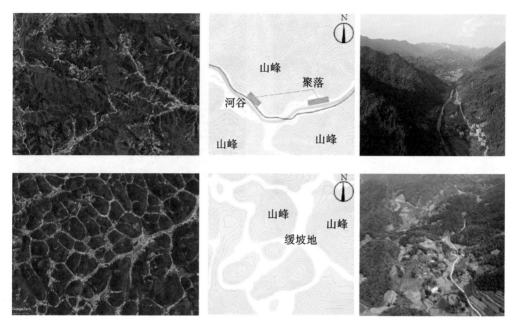

图 3-2   鄂西土家族村落山水地貌形态

峰丛地貌是由于长期降雨使得山体受到冲刷，形成沟壑纵横的河谷，河流呈现树枝状，聚落沿着河流分布，建筑依山傍水营建。为了减少对自然的干预，聚落充分利用自然，采用吊脚楼、层级建造等方式去保留更多的耕地面积。由于河流存在湾、半岛等多种类型地貌，聚落的营造也呈现出带状、半岛台地、散状等类型。

峰林地貌是由于雨水冲刷形成的相对平缓的地形，山峰间形成密集的网状结构，聚落镶嵌其中。聚落规模一般在几户到数十户不等，聚落空间格局随着山体坡度变化而变化，这两种地形地貌共同构成了鄂西地区土家族聚落的空间形态，体现了聚落的物质空间与自然山水的空间关系。

（2）聚落空间格局。

由于地理环境的限制，从竖向关系看，聚落呈现出"山—房—田—水"空间格局的特征，如图 3-3 所示。鄂西地区河谷纵横，与坡地型聚落、靠山型聚落或平坝型聚落相比，沟谷型聚落分布更为广泛，而临河型聚落是沟谷型聚落中最具代表性和地域性的。鄂西土家族聚落集大地景观、地域文化和农业于一体，其空间营造强调人类生活空间与自然之间的相互协调作用。

图 3-3　鄂西土家族传统聚落空间格局（左为中大湾村，右为彭家寨）

3.1.3　临水型聚落的概念界定

　　鄂西土家族乡村聚落的沟壑纵横的山体和河流，使得土家族聚落的空间布局呈现"山—房—田—水"的特征。而受到自然环境的限制和社会经济方面的影响，临水型聚落空间格局在竖向表现上尤为突出。影响土家族聚落空间格局的因素如下。①鄂西地区河流众多，聚落为了更好地利用自然和适应自然，村民为了争取更多的耕地面积，传统村落呈现"八山半水一分半田"的空间格局，建筑一般选择在坡度较为平缓的地方进行营建，部分建筑采用吊脚的方式腾出更大的面积用于生产活动，河流、农田与建筑三者的层级关系便于作物的灌溉。②受到时代背景下的社会影响，位于古盐道的地区会通过河流进行水路运输商贸活动，这也使得凉雾乡纳水村在内的部分聚落沿着河流形成街市和聚居地。在对鄂西土家族聚落进行研究时，聚落的名称通常会以"坝""坪""垭""湾"命名，这也体现出聚落为了更好地适应自然，在选址时非常注重山水格局。鄂西交错纵横的河流影响了土家族聚落的空间格局，也使得聚落中多样的空间类型应运而生。

　　临水型聚落主要分布在河流干支流的沿岸。为了满足生产和生活的要求，居民建筑一般选在向阳、靠近河流以及山坡平缓的区域建造。典型的外部空间环境呈"两山夹一谷"的结构，聚落分布于河流两侧，整体空间格局呈现为"山—房—田—水"

的结构，也有一些建筑镶嵌在农田之间。

3.1.4 临水型聚落空间分布特征

（1）地理空间分布。

鄂西土家族临水型聚落具有显著的地域性特点，聚落一般沿着河流两岸较为平缓的区域分布，聚落为了适应地形而选择不同的空间布局进行营建，有的呈团聚状、带状分布，有的呈散状分布。图 3-4 为鄂西地区 81 个中国传统村落的分布点，其中包含 24 个临水型聚落地理空间分布情况。来凤县数量最多，为 8 个；而巴东县

图 3-4 鄂西地区中国传统聚落分布图

数量最少，为 1 个。

（2）空间特点。

临水型聚落的空间格局呈现为"山—房—田—水"的结构，有着秩序分明的内部街巷结构。临水型聚落分布于河流两侧，由于河流和雨水的冲刷，形成湾、半岛等类型，坡度均小于 12°。为了适应地形而选择不同建筑类型进行空间布局，如半岛台地型、带状等。由于河流曲折，形成"V""U""S"形河床，聚落为了适应不同的地形，而选择不同的空间布局，如图 3-5 所示。

3.1.5　临水型聚落类型与肌理形态

聚落类型依据不同的标准可划分为不同的类型。聚落按照空间布局形式可分为：

图 3-5　临水型聚落示意图

形如宣恩彭家寨的团状分布，形如滚龙坝的镶嵌分布，形如纳水村的密集型的带状分布。由于聚落距离河流的远近不同，在空间中所呈现的形态也会有所差异。根据聚落与地形的关系，聚落可分为坡地型和临河型。根据聚落空间布局的方式，聚落可分为团状密集型、带状聚居型和点状散布型。临水型聚落类型如表 3-2 所示。

表 3-2 临水型聚落类型

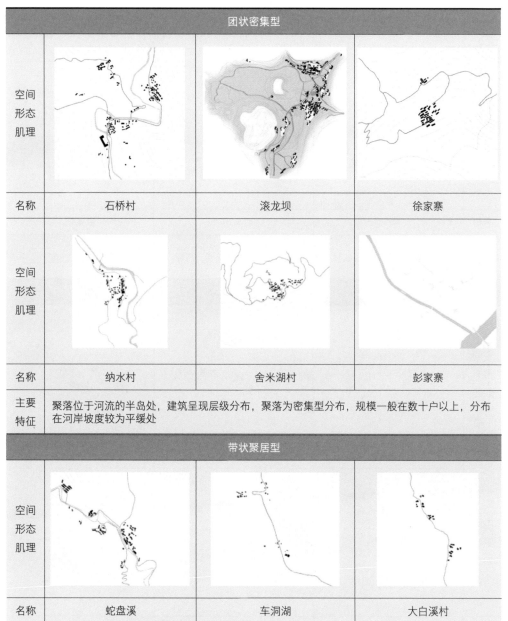

团状密集型		
空间形态肌理		
名称	石桥村	滚龙坝	徐家寨
空间形态肌理		
名称	纳水村	舍米湖村	彭家寨
主要特征	聚落位于河流的半岛处，建筑呈现层级分布，聚落为密集型分布，规模一般在数十户以上，分布在河岸坡度较为平缓处		
带状聚居型		
空间形态肌理		
名称	蛇盘溪	车洞湖	大白溪村

续表

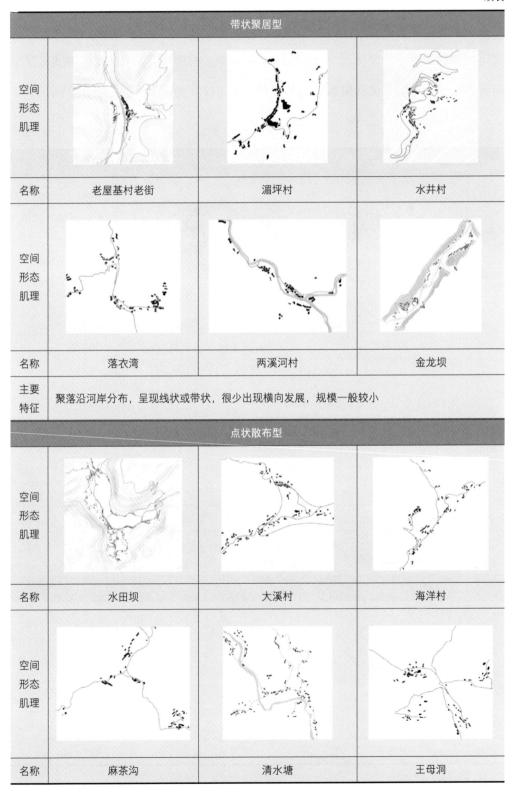

带状聚居型		
空间形态肌理		
名称	老屋基村老街	湄坪村	水井村
空间形态肌理		
名称	落衣湾	两溪河村	金龙坝
主要特征	聚落沿河岸分布，呈现线状或带状，很少出现横向发展，规模一般较小		
点状散布型		
空间形态肌理		
名称	水田坝	大溪村	海洋村
空间形态肌理		
名称	麻茶沟	清水塘	王母洞

续表

点状散布型		
空间形态肌理	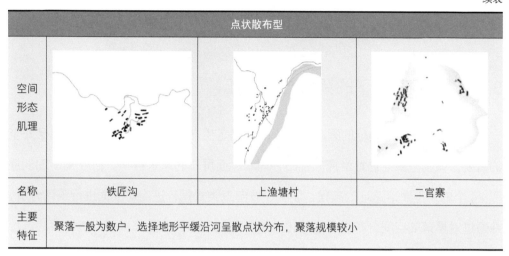	
名称	铁匠沟	上渔塘村	二官寨
主要特征	聚落一般为数户，选择地形平缓沿河呈散点状分布，聚落规模较小		

部分学者将聚落形态划分为团状、带状和指状三种类型。本书对临河聚落样本进行调研和肌理分析，依据村落空间组织方式将聚落形态划分为以下三种。

（1）团状密集型聚落。

团状密集型聚落一般位于地形平缓处，建筑呈现层级密集型分布，规模一般在数十户以上；团状分布使得聚落内部空间更加集约，把更多的土地留给耕地；团状具有向心性，同一个聚落往往由一个或数个家族组成。

（2）带状聚居型聚落。

带状聚居型聚落往往在山腰、谷地或沿河岸分布，村落边界的长宽比大于2，呈线状或带状，很少出现横向发展，规模一般不大，部分聚落最初是在古盐道商贸的历史背景下形成的场所，后来逐渐演变成带状的聚落形式。该类型聚落往往受地形地貌的限制，加上周围山体沟壑纵横使得生产生活活动在空间上分布不均，这也促成村民依据地势平坦的区域进行选址。

（3）点状散布型聚落。

点状散布型聚落建筑分布较为松散，没有固定的几何中心，一般选择地形平缓的区域，沿河呈散点状分布，聚落规模较小。

3.2 鄂西土家族临水型聚落空间形态研究

3.2.1 宏观尺度下的聚落选址特征

影响临水型聚落选址的因素众多，既要满足生产和生活的需要，又要满足安全的需要。该类型聚落选址讲究"枕山、环水、面屏"的风水哲学。利用 Arc GIS 提取 24 个临水型聚落选址的高程、坡度、坡向三类数据，进而对数据进行统计分析，并通过对聚落的空间分布进行定量化分析，归纳出鄂西地区临水型传统村落的选址分布特点。

（1）高程。

通过 Bigemap 软件对临水型聚落进行卫星图像和高程基础数据下载，利用 Globalmapper 对卫星图像和高程数据叠加并生成等高线，对每一个聚落的选址布局特征进行分析。以 300 m 高程间距，将 24 个临水型聚落划分为 4 个区间高程（见表 3-3），聚落分布在 400 ～ 1160 m 的海拔范围内。临水型聚落中除了极个别选址在海拔超过 1000 m 的区域，大部分选择在河流两岸缓坡处营建；70% 的聚落分布在海拔 500 ～ 800 m、与水源相邻的区域进行选址营造，其平均海拔为 683.75 m。

表 3-3 村落高程分布

高程 /m	数量 / 个	平均海拔 /m	百分比 /（%）
≤ 500	1	400.00	4.17
500 ～ 800	17	683.75	70.83
800 ～ 1100	5	931.00	20.83
1100 ～ 1400	1	1160.00	4.17

（2）坡度。

鄂西土家族传统聚落的坡度数据可以划分为 0 ～ 7°的平缓地、7°～ 15°的缓坡地、5°～ 25°的斜坡地、大于 25°的陡坡地 4 个层级，如表 3-4 所示。对 24 个临水型传统聚落所在的坡度进行分析，将坡度分为 0 ～ 7°和 7°～ 15°两个层级。通过对临水型聚落选址坡度的统计，24 个聚落都分布在坡度 15°以下坡度范围内的缓坡区域，营建聚落能够对原始地形施以最小的干预。同时，在适宜的坡度区域进行聚落空间布局能够在满足建筑采光的要求下尽可能地缩小建筑间距，从而有效利用有限的土地资源。这 24 个聚落的平均坡度为 2.81°。91.67% 的传统聚落坡度在 0 ～ 7°层级。坡度最小的传统聚落是革勒车乡鼓架山村铁匠沟，其坡度为 0.23°，该聚落位于地形平缓的临河位置；坡度最大的传统聚落是柏杨坝镇水井村，其坡度为 13.74°。因此，坡度选择对聚落选址、空间的布局具有较大程度的影响。

表 3-4　村落坡度分布

坡度 /（°）	数量 / 个	百分比 /（%）
0 ～ 7	22	91.67
7 ～ 15	2	8.33

（3）坡向。

鄂西地区北面大巴山、巫山可以遮挡冬季风，夏季湿热，白天与夜间温差较大，聚落对风环境的舒适性就更为关注。不同坡向的聚落受到河谷风、林缘风等风环境影响。聚落选取合适的空间布局方式去增加阳光照射到村落内部的面积，在选址时着重考虑建筑与空间布局的朝向，吴良镛先生也曾提出乡村聚落在选址时要以阳向为先（吴良镛，2001）。

将坡向数据分为北坡、西北坡、西坡、西南坡、南坡、东坡、东南坡和东北坡 8 类进行统计分析，如表 3-5 所示。24 个聚落中偏南向分布最多，9 个聚落分布在西南坡，占样本量的 39.12%；分布在东南坡和南坡的聚落分别为 7 个和 3 个，占比分别为 26.09% 和 13.04%；而少部分聚落分布在西北坡或南坡。根据 google 卫星影像图得知，鄂西地区山脉走向大多为西南—东北，因此分布在南坡与北坡的聚落较少。而在这种情况下，大多数居民会选择西向营建聚落以获得更多的光照条件。

表 3-5   村落坡向分布表

坡向	数量 / 个	百分比 /（%）
北坡	0	0
东北坡	1	4.17
东坡	1	4.17
东南坡	7	29.17
南坡	3	12.5
西南坡	9	37.5
西坡	2	8.33
西北坡	1	4.17

　　对山地坡度的依附性是鄂西传统聚落选址的重要因素，而对高程和朝向则因地制宜做出合理选择。通过对 24 个临水型聚落点的研究分析，聚落倾向于分布在地势平缓、坡度较小、背风向阳、距离河流较近的区域，如图 3-6 所示。

　　（4）与水环境特征。

　　鄂西传统聚落一般沿水系营建，不仅为聚落耕地提供丰富的水源，而且能够影

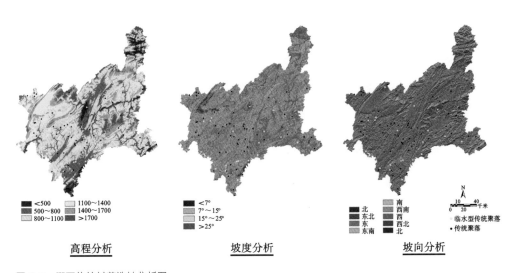

图 3-6   鄂西传统村落选址分析图

响聚落宏观尺度上的选址、中观尺度上的空间布局以及微观尺度上的建筑营造，河流与聚落形成的河谷风能够改善聚落夏季闷热潮湿的环境。鄂西地区特殊的地形地貌有"一分坪坝、二分沟槽、三分岩壳、四分陡坡"的说法（贺宝平，2009）。坪坝是聚落选址的最佳地方，因此鄂西传统村落中的命名大多含有"坝"字，由于山地地形的限制，平坝地形面积较少，建筑为了腾出更多的耕地面积而选择在山地间聚居，选址一般位于地势较高处，建筑和河流间会伴有农田、滩涂过渡。

在山地聚落中，背山面水的观念使得众多传统聚落选择临水而居。24个临水型传统聚落的名称中，以"溪""河""沟""塘""湖""湾"等寓意为水的名称命名的聚落就有19个，占了79.17%，从聚落命名中体现了该聚落的周边环境。大部分临水型聚落位于酉水流域与乌江沿岸。而本文要进行风环境研究的聚落就是宣恩彭家寨村。彭家寨村属于中国第一批传统村落的两河口村，酉水支流流经此地。

3.2.2　中观尺度下的聚落空间布局研究

聚落空间形态是由于聚落经过人类生产活动、历史环境、社会经济等多元素相互影响形成的物质空间，反映了适应自然的人地关系写照。鄂西临水型聚落在聚落选址上存在众多共性，但是由于地形的差异性使得聚落在空间布局时呈现不同的生态营建智慧，也体现了临水型聚落不同空间形态的特征。

（1）空间结构。

聚落内部没有明显的轴线，大部分聚落是由宗族血缘作为纽带，逐渐向空间组织分明、层级丰富的趋势发展，呈现向心聚集的分布状况。部分聚落以祠堂为中心，利用道路作为联系，逐渐向外发散。建筑作为居民生产生活中重要的生活活动空间，建筑密度的差异形成了不同的居住生活空间单元，建筑密度从中心向聚落边界呈现降低的趋势，即呈现从里到外发散的居住空间形态。

（2）街巷关系。

街巷结构因聚落历史成因的不同而呈现不同的空间形式，街巷空间层级关系分

明。有的聚落最初是由于古代盐道的发展，而在河流沿岸形成的驿站和交易场所，
该形制的聚落在临河山地上呈带状分布。例如，老屋基村老屋基老街属于单一型街
巷，街巷空间较为简单，村民在街道两旁生活，建筑屋檐出挑，形成风雨廊，具备
遮阳挡雨的功能。街巷是具有交通和生活的多功能通道，通过相互组织，形成鱼骨
状、带状、网状等街巷空间格局；有的街巷属于复杂型街巷空间，建筑分布规则有
序，巷道中夹杂出现古亭、寺庙等公共场所。

　　鄂西临水型聚落的道路整体呈鱼骨状、网状或放射状，不仅是村落的组成要素，
还是联系村落各要素的纽带。村落内部的道路一般分为三种类型（表 3-6）。①垂
直于等高线的道路，一般以台阶的形式出现，多分布在建筑间的步道，多以青石板
为材料。②平行于等高线的道路，常常与挡土墙一同修筑，一般是村落的次干道。
③与等高线呈一定夹角的斜切道路，一般分布在缓坡或者横向道路中。根据人们的
生活和交通需求，干道两侧随着地势延伸出多条宅间小路，使得院坝之间可以相连，
人们可以自由穿梭其间。土家族人在道路的处理方式上灵活多变，可分为在建筑旁
边修筑道路的"前坎后崖式"，在建筑后面铺设道路的"前坎后路式"，在建筑前
面后面均设道路的"前后都设路式"，以及建筑前方设路、后方为陡崖的"前路后
崖式"四种类型。

表 3-6　道路形态类别

垂直于等高线	平行于等高线	斜切于等高线
阶梯形式	道路与挡土墙结合形式	缓坡形式

3.2.3　微观尺度下的聚落空间营造研究

（1）场地竖向空间。

对临水型聚落进行竖向空间结构分析，如图 3-7 所示。将村落及其周边环境的构成要素分为山地、建筑、农田以及河流。在河谷地带中，由于地形的影响，建筑为了节省出更多的耕地面积，选择局部吊脚的形式，四类组成要素在断面所呈现出来的形式是"山—房—田—水"的竖向空间形态关系。

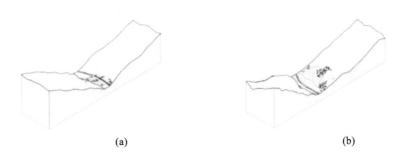

（a）　　　　　　　　　　　　　　　　（b）

图 3-7　山地河谷型聚落典型空间结构

（a）板栗坪；（b）曾家寨

（2）建筑组团。

在背山面水的传统营造理念下，鄂西土家族临水型聚落规模一般在数户到数十户不等，但是建筑在建设时会依据场地的不同而选择不同的形式（表 3-7），有的选择"一"字形，有的则选择"L"形或"U"形。建筑的类型与朝向与等高线走向密切相关，在坡度较陡处，建筑分布会比较紧凑。人们会依据生活需求对建筑进行加建或扩建，"一"字形、"L"形民居大多无院落，一般在屋前设置院坝平地满足晾晒等功能，建筑与院落空间高宽比一般为 1∶1；"U"形民居院落内一般会有天井空间，建筑与院坝空间高宽比一般为 2∶1，呈现围合度较高的形式。

在流域分布的建筑以木材为主要材料，采用因地制宜、就地取材的原则，穿斗式建筑以开间作为建筑的尺度，因此建筑的样式、比例等都有一定相似程度，建筑在选材和建造技艺上展现了与自然环境融合的关系。

表 3-7   建筑类型

组合方式	"一"字形 / 座子屋	"L"形 / 钥匙头	"U"形 / 三合水
结构	正屋	正屋加一横屋	正屋加两横屋
实景图示			
简面示意			

（3）公共空间。

公共空间是聚落中供居民进行交流和活动的场所。公共空间的结构在一定程度上反映了人们的生活形态和聚落的社会秩序。公共空间的类型一般分为点状、线状和面状，如图 3-8 所示。

鄂西地区传统村落点状公共空间分为古树、水井等要素周围的活动区域和祠堂等公共场所两类。道路和街巷是聚落中线状公共空间最为常见的形式，具有交通和活动的功能。

线状公共空间有风雨桥类型。风雨桥是最具特色的公共建筑，能够为人们提供遮阳挡雨和休憩的空间，也属于线状空间范畴。

面状公共空间规模一般较大，主要是宗祠建筑、摆手堂以及活动广场。鄂西地区比较有代表性的面状公共空间有老屋基村观音庙、舍米湖村摆手堂等。根据对聚落的调研了解，部分公共建筑已经损毁，有些传统建筑随着时间的推移逐渐消失。

点状   线状   面状

图 3-8 公共空间类型

3.3　风环境与聚落空间形态的关联研究

3.3.1　风环境影响因素

聚落风环境的影响因素包括山水格局的自然因素和建筑空间选址布局的人为因素。而本文所探讨的是聚落物质空间形态与风环境二者间的关联性，以及聚落如何调整其空间形态去改善村落内部风环境的舒适度。

（1）地形地貌。

鄂西地区聚落独特的峰林、峰丛的地形地貌特征，受到复杂的风环境影响较大。临水型聚落位于河谷中，该地区由于地形起伏导致白天与夜间的风环境差异较大，这也造成山谷中风环境的环流。环流风包括山风和河谷风。在迎风坡处，山风较河谷风弱；在背风坡处，河谷风较山风弱。在迎风坡，聚落应选择呈梯级的形态分布；在背风坡，聚落应选择增加北侧建筑高度来遮挡冬季风的侵袭，从而使得聚落气候舒适。水陆风是由于水陆的热力形制差异导致的风环境。沿河建筑宜保持敞开布局，建筑呈层级式错落分布。白天，陆地吸收热量多，升温快，使得风从河流吹向陆地；夜间，河流降温慢而陆地降温快，形成温差，使得风从陆地吹向河流。

（2）建筑布局。

团状密集型、带状聚居型、点状散布型三种聚落类型临水而建，不同的建筑布局会形成聚落内部不同的风环境。带状布局交通导向性较强，建筑前后错位布局形成内街，而建筑延伸的方向影响了与进风的夹角；团状密集布局对风进行遮挡，使得聚落内部形成静风区；而点状布局则会出现冬季风侵袭，因此对植物和地形的巧妙利用显得非常重要。迎风坡南侧的建筑应稀疏排列，内部建筑错落布局，使得聚落整体风环境处于稳定的状态；不同朝向的村落应选择适合的建筑空间布局去改善村落内部的风环境。

3.3.2　空间形态与风环境的关联性

城市空间形态与风环境方面，胡炜对大学校园不同的空间形态进行风环境模拟，并对比分析模拟结果与对应的空间形态，归纳不同类型空间形态的优化设计策略（胡炜，2020）。胡兴基于街区风环境的实测去探讨城市空间形态指标与风环境二者间的关系（胡兴，魏迪，李保峰等，2020）。

街区空间形态与风环境方面，赵晶晶对不同尺度的街巷的风环境进行模拟，通过对比街巷不同尺度的模拟结果归纳街巷的风环境适应策略（赵晶晶，胡思润，2021）。刘元昊以街巷建筑密度、街巷宽度、街巷高度作为变量对街巷进行风环境模拟并找出适应街巷的各项空间指标范围（刘元昊，2021）。

针对聚落空间形态的分析，王科通过对湖南传统民居形式进行冬夏两季风环境模拟，从风环境的视角探讨建筑布局和营造技艺对地形的适应性（王科，2008）。西安建筑科技大学的董芦笛老师团队对沟谷型聚落（翟静，2014）、平地型聚落（张博，2014）、靠山型聚落（曹萌萌，2014）以及坡地型聚落（梁健，2014）进行风环境模拟分析，归纳出聚落空间对气候的适应性以及调节策略。从研究方法上沿用城市的肌理形态参数，基于对风环境与城市空间形态的相关研究成果进行整理发现，国内外学者对于风环境的研究对象都是城市空间。由于城市与乡村土地开发强度等差异，空间形态指标也会有所不同，这些指标并非都能适用于村镇，因此要选取适合聚落的风环境空间形态指标。

研究已经证明风环境与空间形态指标存在直接关系，因此须筛选出适合聚落风环境的空间形态指标来确定村落宏观的选址。中观的建筑密度、空间单元模式、坡度与街巷，微观的公共空间与建筑组团空间也与聚落的风环境存在关联性。

3.3.3　临水型聚落空间形态演变与现状分析

近年来，村落的建设活动对村落空间形态造成一定影响，建筑密度、空间布局等的改变对村落原有风貌与空间内部微气候也造成了一定影响。对 2004 年和

2021 年鄂西同一流域下的村落卫星地图进行资料收集，如图 3-9 所示。

从卫星图像的对比分析中，可以发现 2021 年村落较 2004 年发生了以下变化。

村落耕地和植被覆盖面积减少，耕地裸露面积逐渐增加；新建建筑在村落原有基础上选择合适的区域进行营建，建筑的数量增加。建筑风貌也发生了很大的改变，新建建筑不再采用传统的建造工艺，而是改为砖混结构，甚至在建筑旁边加建棚屋。村落内部道路和院坝采用混凝土铺设，硬化面积逐渐增加，下垫面的材质会对村落内部微气候造成一定影响。

在鄂西部分临水型村落的调研中，发现居民为了满足生产生活的需求，在自家房屋旁边加建建筑，使村落空间形态发生了一定的改变。通过对比不同时期的村落空间形态，可以发现院坝空间的尺度和形状都发生了变化，而村落空间形态的改变

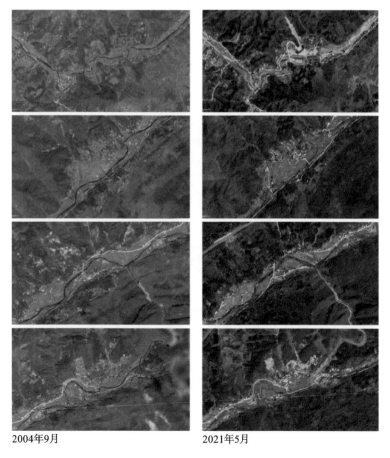

2004年9月　　　　　　　　　　　　　　　2021年5月

图 3-9　鄂西临水型聚落空间形态对比图

对风环境会造成一定影响。探究村落适应风环境的空间营建模式和规律，能够为村落未来规划提供设计指导和科学依据。

3.3.4 临水型聚落不同空间尺度对风环境的影响

临水型传统聚落由于其选址的特殊性，使得聚落受到多种类型风环境的影响。研究风环境的学科有气象学、环境科学以及建筑科学与工程等，其中在建筑学领域中，研究目的是使聚落中的街巷、建筑单体、公共空间等要素适应气候从而构建一种与自然和谐共存的关系。

聚落受到建筑、水体、植物等因素的影响，会形成水陆风、下冲风、林缘风等多种类型的风环境。水陆风是由于水面和陆地二者比热容差异造成吸收热量的差异，白天，风从水面吹向陆地，而在夜间风从陆地吹向水面。下冲风是指当建筑受到主导风向作用时，将风分成建筑周围和顶部两个方向，当风速加强时，大部分风沿着建筑表面向下流动。下冲风与其他方向的自然风结合，形成比较复杂的风场。

聚落区域内风环境受到众多因素影响，归纳其主要因素，总结聚落空间中各构成要素与风环境之间的关联性，如表 3-8 所示。本文基于聚落选址与整体空间布局、街巷尺度以及建筑组织三种空间尺度，探索鄂西土家族临水型聚落风环境的规律，进而改善聚落空间形态，为风环境舒适性和聚落未来的规划设计提供理论参考。

表 3-8 聚落风环境影响因素梳理

尺度	影响因素	对本研究的启示
宏观	聚落整体空间布局、选址	优化聚落选址与整体空间布局有利于改善其风环境舒适性
中观	建筑组团、街巷	优化建筑空间布局及组织方式有利于保证室外风环境质量达到较好的效果
微观	院落组织、建筑类型	优化院落空间形态有利于风环境的合理利用

人居环境是指人们在自然环境中进行生产生活的场所。人、气候、建筑物质空间三者相互作用，如图 3-10 所示，人们通过建筑空间布局对气候进行适应与调整。

从村落营建的视角来看，就是人们在自然环境中进行建筑选址与空间布局，形成一个相对舒适的宜居环境。通过对村落空间的形态研究，能够挖掘人们为了适应风环境而营造的空间适应规律与策略。

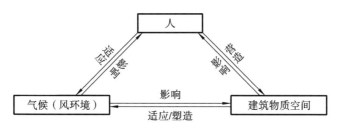

图 3-10　人、建筑物质空间与风环境关系图

本章参考文献

[1]　潘光旦. 湘西北的土家与古代巴人 [J]. 吉首大学学报（社会科学版），1955.

[2]　张瑞纳. 清代鄂西北山地血缘型聚落与民居空间形态研究 [D]. 武汉：华中科技大学，2015.

[3]　张涛. 城市中心区风环境与空间形态耦合研究 [D]. 南京：东南大学，2015.

[4]　张媛媛. 基于风环境舒适度的沈阳市民广场绿化优化设计模拟研究 [D]. 沈阳：沈阳建筑大学，2019.

[5]　李夏天. 耦合于空间形态的传统村落风环境质量研究 [D]. 赣州：江西理工大学，2021.

[6]　荣婧宏. 防风林布局对寒地乡村社区风环境的影响模拟研究 [D]. 哈尔滨：哈尔滨工业大学，2019.

[7]　Wang X, Liu F, Xu Z. Analysis of urban public spaces' wind environment by applying the CFD simulation method: a case study in Nanjing[J]. Geographica Pannonica, 2019, 23（4）：308-317.

[8]　Thiodore J, Srinaga F. Open Space Scenario on Riverside Settlement to

Access Comfortable Wind Environment[C] // IOP Conference Series: Earth and Environmental Science.IOP Publishing, 2021: 012022.

[9] 张涛. 城市中心区风环境与空间形态耦合研究 [D]. 南京：东南大学，2015.

[10] 张媛媛. 基于风环境舒适度的沈阳市民广场绿化优化设计模拟研究 [D]. 沈阳：沈阳建筑大学，2019.

[11] 姚兴博. 安康地区传统民居空间形态与风环境特征研究 [D]. 西安：长安大学，2019.

[12] 李旭，马一丹，崔皓，等. 巴渝传统聚落空间形态的气候适应性研究 [J]. 城市发展研究，2021, 28（05）:12-17.

[13] 张银松. 基于数值模拟的珠海斗门镇传统聚落风热环境研究 [D]. 哈尔滨：哈尔滨工业大学，2015.

[14] Tang L,Nikolopoulou M, Zhao F-Y, et al. CFD modeling of the built environment in Chinese historic settlements[J]. Energy and Buildings, 2012, 55: 601-606.

[15] Meng H, Jiao W, Hong J, et al. Analysis on Wind Environment in Winter of Different Rural Courtyard Layout in the Northeast[J]. Procedia Engineering, 2016, 146:343-349.

[16] 李峥嵘，吴少丹，赵群. 贵州地扪侗寨室外风环境实测研究及评价 [J]. 建筑热能通风空调，2015,34（04）:27-30.

[17] 袁彦锋. 基于地理信息建模与 CFD 模拟的平潭岛风环境区划与评价研究 [D]. 泉州：华侨大学，2016.

[18] 李振华. 湘南地区传统村落在自然通风条件下风环境模拟研究 [D]. 长沙：湖南大学，2019.

[19] Tang L,Nikolopoulou M, Zhang N. Bioclimatic design of historic villages in central-western.

[20] Chu Y-C, Hsu M-F, Hsieh C-M. An example of ecological wisdom in

historical settlement: The wind environment of Huazhai village in Taiwan[J]. Journal of Asian Architecture and Building Engineering, 2017, 16（3）: 463-470.

[21] Tang L, Nikolopoulou M, Zhao F-Y, et al. CFD modeling of built air environment in historic settlements: village microclimate[C] // 2011 international conference on computer distributed control and intelligent environmental monitoring.IEEE, 2011: 1086-1092.

[22] Chu Y, Hsu M, Hsieh C. The impacts of site selection and planning of a historic settlement on a sustainable residence[J]. Applied Ecology and Environmental Research, 2017, 15（2）: 145-157.

[23] 王一睿, 崔陇鹏. 鄂西丘陵地带乡村聚落空间布局及形态演变——以长阳三口堰村为例 [J]. 华中建筑, 2017, 35（10）: 81-85.

[24] 高云飞. 岭南传统村落微气候环境研究 [D]. 广州: 华南理工大学, 2007.

[25] 杜春兰, 林立揩. 云南彝族传统聚落微气候特征分析 [J]. 中国园林, 2020,36（01）:43-48.

[26] 陈成. 基于气候适应性的传统村落植物种植模式研究 [D]. 合肥: 合肥工业大学, 2020.

[27] 刘琪. 党家村和灵泉村街巷尺度与微气候的关系及应用研究 [D]. 西安: 西安建筑科技大学, 2021.

[28] Chen Q, Liu Y. Simulation analysis of the influencing factors on the wind environment around the hilly terrain[C] // IOP Conference Series: Earth and Environmental Science IOP Publishing 2019, 356（01）: 2008.

[29] 惠星宇. 广府地区传统村落冷巷院落空间系统气候适应性研究 [D]. 广州: 华南理工大学, 2016.

[30] 林瀚坤. 适应湿热气候的广州竹筒屋空间模型研究 [D]. 广州: 华南理工大学, 2012.

[31] 刘穗杰 . 湿热地区建筑气候空间系统设计策略研究 [D]. 广州：华南理工大学，
2019.

[32] 刘新星，李承来， 郭强 . 浙东古村落广场风环境模拟检验方法研究——以马
头村法治广场为例 [J]. 城市建筑， 2021, 18（36）：81-83.

[33] 方焕焕 . 徽州地区传统村落室外风环境研究 [D]. 徐州： 中国矿业大学 , 2020.

[34] 姚泽楠 . 基于微气候的渤海西域村落空间优化策略研究 [D]. 大连： 大连理工
大学 ,2021.

[35] Zhang L, Hou J, Yu Y, et al. Numerical simulation of outdoor wind
environment of typical traditional village in the northeastern Sichuan Basin[J].
Procedia Engineering, 2017, 205: 923-929.

[36] 李欣蔚 . 渝东南土家族传统民居的夏季自然通风技术研究 [D]. 重庆：重庆大
学 ,2016.

[37] 郭华 . 湘西传统村落民居冬季防风策略的探寻与研究 [D]. 武汉：华中科技大
学 ,2013.

[38] 荣婧宏 . 防风林布局对寒地乡村社区风环境的影响模拟研究 [D]. 哈尔滨：哈尔
滨工业大学 ,2019.

[39] 陈小明 . 湖南丘陵地区农房周边环境要素对自然通风设计的影响 [D]. 长沙：湖
南大学 ,2016.

[40] 董若静 . 基于风环境模拟的湘西传统村落和吊脚楼自然通风传承性研究 [D]. 长
沙：湖南大学 ,2020.

[41] 郭艳 . 山地型传统村落公共聚居空间及舒适度评价研究 [D]. 福州：福建农林大
学 ,2019.

[42] 吕婧玮 . 湘南传统村落空间布局与风热环境的关联研究 [D]. 衡阳：南华大学，
2021.

[43] 邵风燕 . 基于 CFD 模拟的西索村风环境的评价与优化研究 [D]. 成都：西南民
族大学 ,2021.

[44] 白晓璐,张茹杰.关中平原村落空间形态与风环境关系研究——以渭南市蒲城县许家庄村为例 [J].城市建筑,2021,18（06）:52-54.

[45] 封珍珍,张建新.寒冷地区平原型乡村聚落形态与冬季风环境关系研究——以蔡家村和刘家村为例 [C] //中国城市规划学会,重庆市人民政府.活动城乡美好人民——2019 中国城市规划年会论文集（18 乡村规划）.中国建筑工业出版社,2019:1640-1649.

[46] 张欣宇,金虹.基于改善冬季风环境的东北村落形态优化研究 [J].建筑学报,2016（10）:83-87.

[47] 李夏天.耦合于空间形态的传统村落风环境质量研究 [D].赣州：江西理工大学,2021.

[48] 张明,周立军,刘芳竹.黑龙江省平原地区传统村落冬季风环境研究——以满族拉林镇后黄旗村为例 [J].城市建筑,2017（23）：25-27.

[49] 庞心怡.微气候视角下的辽东半岛村落空间形态研究 [D].大连：大连理工大学,2020.

[50] 吴良镛.人居环境科学导论 [M].北京：中国建筑工业出版社,2001.

[51] 贺宝平.鄂西南土家族传统乡村聚落景观的文化解析 [D].武汉：华中农业大学,2009.

[52] 胡炜.基于回归分析的广州地区大学校园空间形态与室外风环境耦合研究 [D].广州：华南理工大学,2020.

[53] 胡兴,魏迪,李保峰,等.城市空间形态指标与街区风环境相关性研究 [J].新建筑,2020（05）:139-143.

[54] 赵晶晶,胡思润.夏热冬冷地区传统村落街巷风环境研究——以湖北省大冶市上冯村为例 [J].新建筑,2021（04）:139-143.

[55] 刘元昊.陕南汉江川道村镇街巷空间风环境适应性研究 [D].西安：长安大学,2021.

[56] 王科.地形特征与传统民居形式对自然通风的影响 [D].长沙：湖南大学,2008.

[57] 翟静 . 沟谷型传统聚落环境空间形态的气候适应性特点初探 [D]. 西安：西安建筑科技大学 , 2014.

[58] 张博 . 平地型传统聚落环境空间形态的气候适应性特点初探 [D]. 西安：西安建筑科技大学， 2014.

[59] 曹萌萌 . 靠山型传统聚落环境空间形态的气候适应性特点初探 [D]. 西安：西安建筑科技大学， 2014.

[60] 梁健 . 坡地型传统聚落环境空间形态的气候适应性特点初探 [D]. 西安：西安建筑科技大学， 2014.

[61] 张桂玲 . 山地城市近地层风环境的数字化研究 [D]. 重庆：重庆大学，2016.

[62] 刘元昊 . 陕南汉江川道村镇街巷空间风环境适应性研究 [D]. 西安：长安大学，2021.

4　风环境模拟与评价的方法

■ 风环境模拟与评价体系构建

■ 宏观尺度下的不同类型临水型聚落风环境模拟

■ 中观尺度下的聚落不同空间类型风环境模拟

■ 微观尺度下的聚落空间风环境模拟

4

4.1 风环境模拟与评价体系构建

4.1.1 鄂西风环境特点

通过分析 1980—2016 年的历史天气报告，得出鄂西地区的风环境情况：主导风向来自南面，由于风环境很大程度上受到地形和其他因素的影响，瞬时风速和风向变化较大，可能会出现瞬时风速与平均风速相差较大的情况。鄂西地区夏季平均风速变化不大，误差不超过 0.2 m/s。一年中最多风的月份是 4 月，而风环境较平静的时间有 8 个月（从 5 月到翌年 2 月），风环境最为平静的是 12 月，平均风速为 1.9 m/s。因此，土家族聚落的气候适应研究有利于改善建筑的居住舒适性。鄂西地区各月份风速如图 4-1 所示。

鄂西地区由于山峦连绵的原因，在夏季会有持续 3～5 个月的潮湿闷热的情况，如图 4-2 所示。一年中较闷热的时间为 5 月到 9 月，在这个阶段，人们感觉闷热的时间超过 1/5；而闷热天数最多的月份为 7 月，有 8 天的闷热天气。因此在聚落营造中要着重关注自然通风和舒适性的问题。

由于鄂西地区地形地貌复杂，宣恩县、鹤峰县、恩施市等多个地区的全年风玫瑰图存在一定差异性，但是大多数地区受到东南季风影响的时间较长，这些地区也会受到东北季风的影响。因此风环境数据确定夏季为东南风向、冬季为西北风向，最终得到鄂西地区全年风向图，如图 4-3 所示。

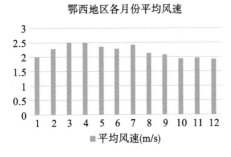
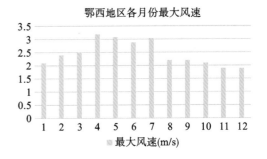

图 4-1　鄂西地区各月份风速图

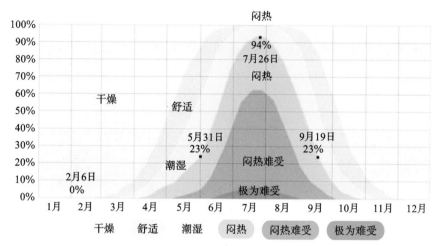

图 4-2　鄂西地区湿度舒适水平

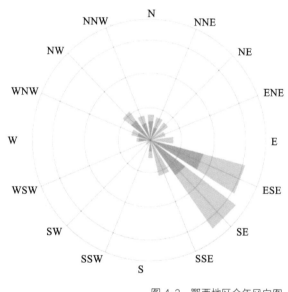

图 4-3　鄂西地区全年风向图

4.1.2　风环境评价体系构建

1. 常用的室外风环境评价标准与方法

风环境是衡量环境舒适性好坏的一个指标。对于城市风环境有不同的评价标准，基于对国内外风环境评价方法的梳理，本文将结合鄂西地区气象数据，总结出适合本文的风环境评价指标，以便于后续章节的风环境模拟评价研究。气象学家 Francis Beaufort 在 1805 年依据风速对环境的影响程度制定了蒲福风级等级表（见

表 4-1），并将风速分为 12 级。该表描述了不同风级时的风环境特征，蒲福风级的设定是距离地面 10 m 的风速。而在研究聚落风环境时，需要转换为行人高度（1.5 m）的风速，如表 4-2 所示，以便研究风环境对人们户外活动的舒适性的影响程度。

表 4-1　蒲福风力等级表

风级	10 m 高度风速 /（m/s）	风名	指数定性描述	风级	10 m 高度风速 /（m/s）	风名	指数定性描述
0	0.0～0.5	无风	缕烟直上，树叶不动	7	12.5～15.2	疾风	树干摇摆，大枝弯曲，迎风步艰
1	0.6～1.7	软风	有风的感觉	8	15.3～18.2	大风	大树摇摆，细枝折断
2	1.8～3.3	轻风	树叶沙沙作响，风感觉显著	9	18.3～21.5	烈风	大枝折断，轻物移动
3	3.4～5.2	微风	树叶及枝微动不息	10	21.6～25.1	狂风	拔树
4	5.3～7.4	和风	树叶、细枝摇动	11	25.2～29.0	暴风	有重大损坏
5	7.5～9.8	清风	粗枝干摆动	12	>29.0	飓风	风后破坏严重
6	9.9～12.4	强风	粗枝摇摆，电线呼呼作响				

表 4-2　行人高度（1.5 m）蒲福风级表（刘元昊，2021）

风级	名称	行人高度处风速 /（m/s）		指数定性描述
		平均风速	风速范围	
0	无风	0.01	0.00～0.30	静，烟直向上
1	软风	0.71	0.30～1.10	烟示风向，人面感觉有风
2	轻风	1.79	1.10～2.50	树叶有声，风标转动
3	微风	3.58	2.50～4.20	头发吹散，旗帜展开，树叶飘动
4	和风	5.56	4.20～6.10	头发吹乱，地面扬尘，纸张扬起，树枝摇动
5	清风	7.60	6.10～8.30	人体可感受风的阻力，小树开始摇动
6	强风	9.88	8.30～10.60	走路不稳，大树枝摇摆，持伞困难
7	疾风	12.52	10.60～13.30	步行不便，全树摇动
8	大风	15.20	13.30～16.10	阻碍行进，小树枝折断
9	烈风	17.56	16.10～18.90	人被风吹走，建筑损毁

我国对于风环境的评价主要倾向城市居住区，国内对于风环境评价的标准众多，住房和城乡建设部发布了《绿色建筑评价标准》（GB/T50378—2019），场地风环境标准如表 4-3 所示。

表 4-3 场地风环境评价标准

冬季风		夏季风	
评价指标	评分	评价指标	评分
人行高度 1.5 m 外风速小于 5 m/s，且室外风速放大系数小于 2	3	活动场地内不出现无风区或风涡回流	3
除迎风第一排建筑外，建筑迎风面与背风面风压不大于 5 Pa	2	一半以上可开窗户的室外风压差要大于 0.5 Pa	2
评分总分值为 10 分			

通过梳理上文的风环境评价标准，得出以下结论。①从改善聚落内部风环境的角度出发，聚落内部静风区面积应尽量小而风环境舒适区域面积应尽可能大。②人行高度在 1.5 m 处的风速应小于 5 m/s，建筑之间要保留足够的间距，避免出现涡流和静风区。③合理规划村落空间布局，确保夏季室外环境风速稳定。

2. 本文风环境评价体系

本文以鄂西地区土家族临水型传统村落为研究对象，对国内外风环境评价指标（如舒适风区面积、静风区面积、平均风速等）进行整理。本文综合风环境评价指标和鄂西山区聚落气候特点，主要选择静风区和舒适风区作为评价指标。在不同风速的环境中人的体感及心理感受存在差异，夏季闷热潮湿的天气使人感到烦躁，冬季风速过大使得人们感到寒冷不适，风速大小直接影响人们对风的舒适性感受，而聚落空间形态能够直接影响空间的风环境状况。

舒适风区面积比是风速在夏季或冬季舒适风区范围内的面积占总面积的比例，舒适风区面积的占比代表空间的风环境舒适度。舒适风区面积比的公式如下。

$$舒适风区面积比 = \frac{场地内舒适区面积}{场地总面积}$$

静风区面积比是夏季或冬季静风区的面积占总面积的比例。空间的风环境舒适性与静风区面积呈负相关。本文对冬季和夏季的静风区进行划分，即夏季静风区风速为 0 ~ 0.7 m/s，冬季静风区风速为 0 ~ 0.5 m/s。静风区面积比的公式如下

$$静风区面积比 = \frac{场地内静风区面积}{场地总面积}$$

本文定义鄂西地区传统村落的风环境评价指标为：冬季舒适区风速要在 0.5 m/s 以上，而夏季舒适区风速应高于 0.7 m/s。总体而言，鄂西地区传统村落较好的风环境状况为：舒适风区面积尽可能大，静风区面积尽可能小，从而保证村落内部自然通风。

根据 Phoenics 软件模拟出的风环境图，将静风区和风环境舒适区作为风环境评价指标，得到风环境模拟结果图，按静风区域、舒适风区的像素占模拟区域的像素面积去计算静风区面积比和舒适风区面积。夏季，静风区风速区间为 0 ~ 0.7 m/s，舒适风区风速区间为 0.7 ~ 1.7 m/s；冬季，静风区风速区间为 0 ~ 0.5 m/s，舒适风区风速区间为 0.5 ~ 1.5 m/s。依据风速范围得到静风区图和舒适风区图，依据静风区面积和舒适风区面积占比来确定聚落风环境优劣状况。本文风环境评价指标见表 4-4。

表 4-4　本文风环境评价指标

时间	风向与风速	评价指标	行人高度（1.5 m）风速区间
夏季	平均风速 SW 2.0 m/s	静风区 舒适风区	0 ~ 0.7 m/s 0.7 ~ 1.7 m/s
冬季	平均风速 WN 2.0 m/s	静风区 舒适风区	0 ~ 0.5 m/s 0.5 ~ 1.5 m/s

鄂西地区四季风速表如表 4-5 所示。

表 4-5　鄂西地区四季风速表

季节	平均风速 /（m/s）
春	1
夏	2.1
秋	2.1
冬	2.0

4.1.3　风环境模拟体系构建

CFD 是计算流体力学的简称，是介于数学、流体力学和计算机的仿真模拟技术（杨梦瑶，2019）。该模拟方法可用于鄂西临水型聚落的风环境模拟研究。

本文选取 Phoenics 软件对不同时空尺度下的村落空间进行风环境模拟研究，在后续处理中可以将模拟区域的风速图、风速矢量图以及风压图及时展示出来。Phoenics 软件不仅支持 Sketchup、Rhino 模型的导入，还可以使用建筑领域 Flair 的专属模块。风环境模拟软件分类表如表 4-6 所示。

表 4-6　风环境模拟软件分类表

参数	Fluent	Airpak	Phoenics	STREAM
建模	不支持外部建模	DXF/igex	Stl/3ds/dxf	Stl/3ds/dxf
简化模型	要求闭合模型	可导入	可导入	可导入
网格	四 / 六面体	六面体	六面体	六面体
操作难易程度	难	中	易	中

数值模拟包括前处理、迭代运算和后续结果查看，风环境数值模拟计算基本步骤如图 4-4 所示。

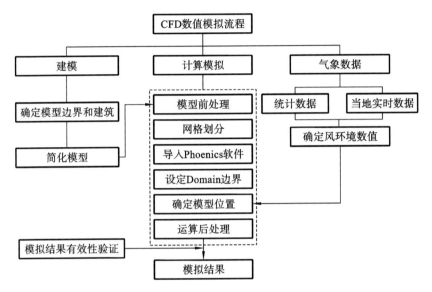

图 4-4　风环境数值模拟计算基本步骤

前处理是确定模拟区域的大小和简化模型的位置、网格的划分。网格划分的大小会影响模型风环境模拟的真实性，在简化模型的区域使用细分度较高的网格，其他区域使用细分度较低的网格，这可保证运算的速度和精确度（见图 4-5）。

在风环境模拟中，标准 k-ε 模型的应用最为广泛，因此本研究将其作为计算模型。

根据建筑室外风环境的要求，对模拟区域的网格进行划分。将 Phoenics 软件运算迭代的次数设置为 1000，以保证模拟结果的快捷和准确性。

按照《建筑结构荷载规范》（GB 50009—2012），地表面粗糙度可分为以下几类。① A 类指水面靠近陆地的区域以及岛屿沙漠，$\eta=0.12$；② B 类指城郊地区的乡村、建筑数量较少的城镇，$\eta=0.16$；③ C 类指建筑密集的城市市区，修正系数 $\eta=0.22$；④ D 类指建筑密集且建筑高度较高的城市市区，修正系数 $\eta=0.30$。

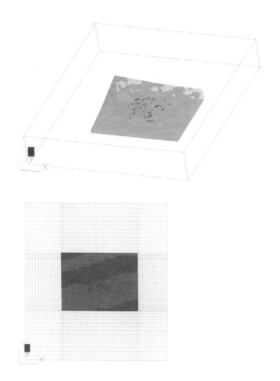

图 4-5　网格划分示意图

4.1.4　风环境模拟方法

本文采用流体力学 Phoenics 软件对鄂西土家族临水型聚落进行风环境模拟：①宏观尺度下的不同空间类型；②中观尺度下的街巷、空间单元模式、建筑密度以及坡度；③微观尺度下的公共空间类型与建筑组团。

基于模拟结果，对各尺度下的空间类型进行风环境优劣评价，归纳出临水型聚落空间的风环境适应策略。依据现场调研及聚落空间的基础数据，建立风环境模拟模型，进行网格划分、控制方程和边界条件。以宣恩彭家寨为例对临水型聚落整体空间以及公共空间风环境数值模拟状况进行验证，通过分析聚落风环境差异，总结影响风环境的空间形态要素以及空间形态与风环境的关联性；提出风环境优化策略，为满足聚落风环境舒适的空间布局设计提供一定的规划策略。技术路线图如图 4-6 所示。

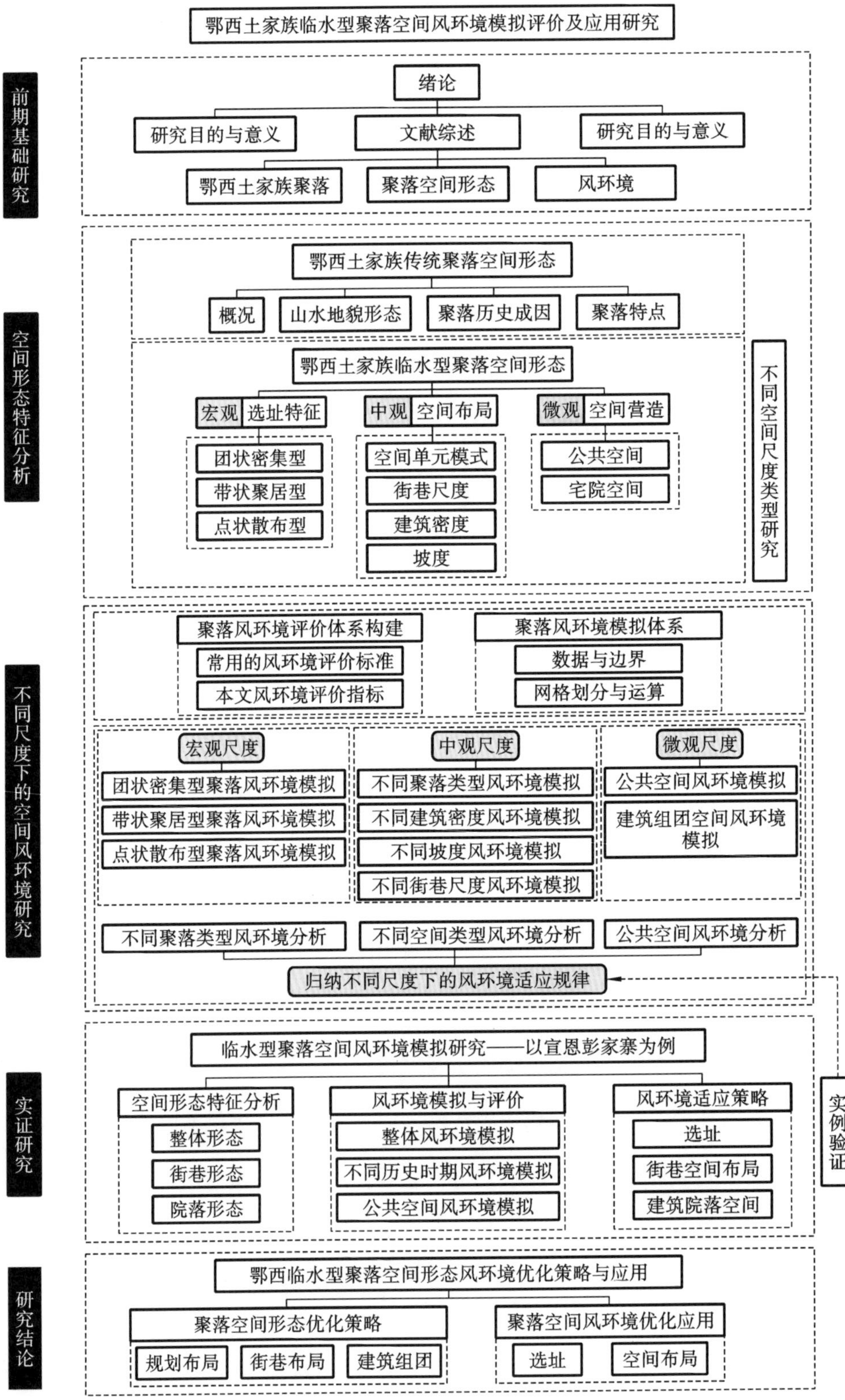

鄂西土家族临水型聚落空间风环境模拟评价及应用研究

前期基础研究

绪论

研究目的与意义 ｜ 文献综述 ｜ 研究目的与意义

鄂西土家族聚落 ｜ 聚落空间形态 ｜ 风环境

空间形态特征分析

鄂西土家族传统聚落空间形态

概况 ｜ 山水地貌形态 ｜ 聚落历史成因 ｜ 聚落特点

鄂西土家族临水型聚落空间形态

宏观 选址特征

团状密集型
带状聚居型
点状散布型

中观 空间布局

空间单元模式
街巷尺度
建筑密度
坡度

微观 空间营造

公共空间
宅院空间

不同空间尺度类型研究

不同尺度下的空间风环境研究

聚落风环境评价体系构建

常用的风环境评价标准
本文风环境评价指标

聚落风环境模拟体系

数据与边界
网格划分与运算

宏观尺度

团状密集型聚落风环境模拟
带状聚居型聚落风环境模拟
点状散布型聚落风环境模拟

中观尺度

不同聚落类型风环境模拟
不同建筑密度风环境模拟
不同坡度风环境模拟
不同街巷尺度风环境模拟

微观尺度

公共空间风环境模拟
建筑组团空间风环境模拟

不同聚落类型风环境分析 ｜ 不同空间类型风环境分析 ｜ 公共空间风环境分析

归纳不同尺度下的风环境适应规律

实证研究

临水型聚落空间风环境模拟研究——以宣恩彭家寨为例

空间形态特征分析

整体形态
街巷形态
院落形态

风环境模拟与评价

整体风环境模拟
不同历史时期风环境模拟
公共空间风环境模拟

风环境适应策略

选址
街巷空间布局
建筑院落空间

实例验证

研究结论

鄂西临水型聚落空间形态风环境优化策略与应用

聚落空间形态优化策略

规划布局 ｜ 街巷布局 ｜ 建筑组团

聚落空间风环境优化应用

选址 ｜ 空间布局

图 4-6 技术路线图

4.2 宏观尺度下的不同类型临水型聚落风环境模拟

对三种类型聚落分别进行精确建模，由于加入地形的风环境模拟的分析时间会有所增加，将建筑高度控制在 10 m，分别对其进行风模拟并导出地形和建筑表面各项指标的风环境状况图。通过对不同类型临水型聚落的风环境模拟，从宏观尺度视角分析聚落的选址以及整体空间布局与风环境的关联性，从而总结出聚落选址的规律。

4.2.1 团状密集型聚落风环境模拟——以滚龙坝村为例

1. 滚龙坝村夏季工况结果

对滚龙坝村风环境进行模拟计算，导出夏季室外风速云图、风速矢量图，如图 4-7 所示，并分别统计出村落内部的风速、静风区面积比以及风舒适区面积比。

由图 4-7 可以得出，滚龙坝村近地表夏季室外最大风速为 3.72 m/s，大多数区域风速达到风环境舒适的状态。滚龙坝村夏季风速较小，一共有 200 余栋传统建筑，超过半数的传统建筑存在自然通风问题。从上文分析可知，滚龙坝村四周山体环抱，河流从村落穿过，这也使得滚龙坝村落内部夏季风速较小。村落北侧以石头狮屋为

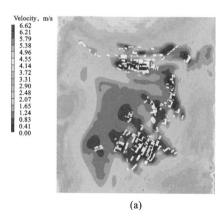
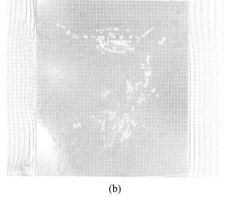

(a)   (b)

图 4-7　滚龙坝村夏季风环境模拟结果

（a）滚龙坝村夏季风速云图；　（b）滚龙坝村夏季风速矢量图

中心，按照中国传统营建模式，其他建筑围绕其进行布局排列。

分析风速矢量图可以得出，该村东南侧建筑群受到五峰山的阻挡，建筑背后形成静风区。长阶檐屋建筑围合度较高，在夏季时自然通风效果较差。部分古建筑采用三、五、七进天井院落和四合院天井屋去改善夏季自然通风的问题。夏季，盛行风穿过东南侧山体吹向聚落东北侧，因此，未来规划应在聚落东北侧或者西北侧选择合适的位置进行空间布局营造。

从风速云图中可以得出，村落位于山谷之中，整体风环境舒适度处于一个较好的状态，尤其是在开敞的农田区域，北侧建筑群依照山势呈层级分布，超过80%的风环境舒适度处于一个适宜的数值。西北侧两座山体峡谷区域风速增大，风速超过夏季舒适风区的范围。

对照几个典型传统建筑与风速云图分析，由于空间布局的巧妙利用，向存道大宅、中村古建筑群等地的风环境状况较好，村落内部风环境整体状况较好。

2. 滚龙坝村冬季工况结果

夏季工况计算完成之后，导出滚龙坝村冬季室外风速云图、风速矢量图，如图4-8所示，并分别统计出村落内部的风速、静风区面积比以及风舒适区面积比。

由图4-8可以得出，滚龙坝村冬季室外最大风速为3.23 m/s。石头狮屋、中村古建筑群等早期传统建筑院落的风环境处于一个较好的状态，只有南侧密集的建筑

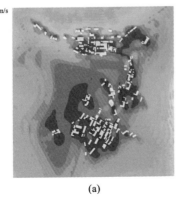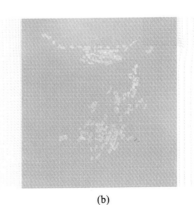

(a)   (b)

图 4-8   滚龙坝村冬季风环境模拟结果

（a）滚龙坝村冬季风速云图；（b）滚龙坝村冬季风速矢量图

形成静风区；东北侧的山体对风进行阻挡，舒适的自然风吹进村落，可形成大面积的舒适风区。

从风速矢量图中可以看出，迎风区建筑风速较大，可适当种植植物进行阻挡和分流，从而营造出舒适的院落空间。而"U"形建筑会产生风涡流，无法疏散污染空气。背风坡建筑在夏季会形成大面积的舒适风区，冬季可避免冬季风的侵袭。

总体而言，除部分建筑存在迎风面风速较大的情况之外，滚龙坝村冬季防风状况极好。

4.2.2 带状聚居型聚落风环境模拟——以金龙坝村为例

1. 金龙坝村夏季工况结果

对金龙坝村风环境进行模拟计算，导出金龙坝村夏季室外风速云图、风速矢量图，如图 4-9 所示，并分别统计出村落内部的风速、静风区面积比以及风舒适区面积。

金龙坝村位于河谷的狭长地带，村内吊脚楼依势而建，受传统山水模式的影响，村落内部藏风聚气，这也使得这种格局在未来发展中免受破坏。

从夏季风速云图中可以得出，金龙坝村夏季室外最大风速为 3.95 m/s。金龙坝

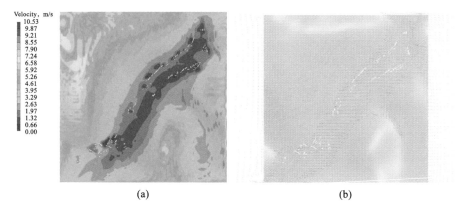

图 4-9 金龙坝村夏季风环境模拟结果

（a）金龙坝村夏季风速云图； （b）金龙坝村夏季风速矢量图

村有 80 栋传统民居，大部分传统建筑在夏季自然通风状况均处于较优的状态。

金龙坝村依山而建，分析夏季地表风速矢量图可以得出，东北侧建筑风速较大，而其他区域风速为 0.66 ～ 1.97 m/s。金龙坝村在历史演变发展中，从东北侧向西南侧扩建延伸，东南侧山谷形成通风廊道，这也说明聚落在规划中对风环境等微气候是比较重视的。带状型聚落一般不会形成风涡流，自然通风为聚落居民带来舒适的感受。在东北侧，"L" 形建筑迎合夏季东南风，从而达到低碳舒适的效果。迎风面建筑风速状况较好，夏季能够形成大面积的舒适风区，大多建筑自然通风效果较好。在建筑背面容易形成静风区，但是居民生产生活活动一般在建筑正面的院坝空间，静风区不会产生太大的负面影响。

对比金龙坝早期的传统建筑，西南侧的新建建筑处于静风区，夏季自然通风效果较差。建筑沿着山体呈带状分布，掩映在山体之中，分布在舒适风区范围的水平高度上。

总体而言，金龙坝村夏季自然通风状况良好。

2. 金龙坝村冬季工况结果

夏季工况计算完成之后，导出金龙坝村冬季室外风速云图、风速矢量图，如图 4-10 所示，并分别统计出村落内部的风速、静风区面积比以及风舒适区面积比。

从风速云图中可以看出，传统建筑周围冬季风环境状况较好，没有出现风速过

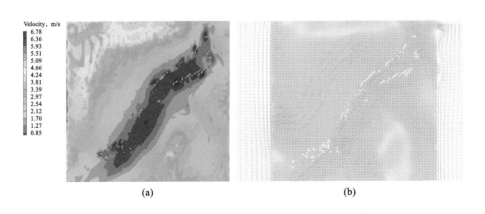

图 4-10　金龙坝村冬季风环境模拟结果

（a）金龙坝村冬季风速云图；（b）金龙坝村冬季风速矢量图

大的情况。而在传统建筑之外的区域风速为 1.70 m/s，超过了舒适风区的范围。冬季风一般从东北侧山谷吹进村落。建于 20 世纪 50—70 年代的建筑区域的风速存在过大的情况，可在建筑西北侧适当种植植物进行阻挡，以营造舒适的院坝和街巷风环境空间。

4.2.3　点状散布型聚落风环境模拟——以二官寨村为例

1. 二官寨村夏季工况结果

对二官寨村风环境进行模拟计算，导出二官寨村夏季室外风速云图、风速矢量图，如图 4-11 所示，并分别统计出村落内部的风速、静风区面积比以及风舒适区面积比。二官寨村整体呈"两溪相连，一山分隔"的空间格局，旧铺历史建筑群包括面积达 2000 多平方米的康家大院。村落外围最大风速为 2.06 m/s。

从以上分析可知，二官寨村平均海拔 700 米，拥有 100 多栋土家吊脚楼。聚落从西侧向东侧延伸。由于自然环境的限制，新建建筑的选址和风环境舒适度都大不如早期的传统建筑。按聚落占地面积来算，夏季舒适风区面积超过 50%。二官寨村西侧风环境状况较好，没有出现静风区的情况，而在东侧的建筑位于背风坡，夏季风不能直接吹向该区域，风速较低，出现局部静风区。由于康家大院前有开阔的农田，使得风速在此减弱。

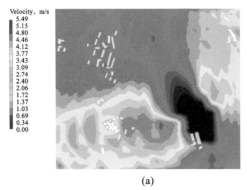 

（a）　　　　　　　　　　　（b）

图 4-11　二官寨村夏季风环境模拟结果

（a）二官寨村夏季风速云图；　（b）二官寨村夏季风速矢量图

为了满足生产生活的需求，居民在原有建筑的基础上进行加建或扩建，对村落历史风貌和空间格局造成一定破坏，也对聚落内部微气候造成一定影响。

从总体上看，二官寨村夏季室外通风效果较好。

2. 二官寨村冬季工况结果

夏季工况计算完成之后，导出二官寨村冬季室外风速云图、风速矢量图，如图4-12所示，并分别统计出村落内部的风速、静风区面积比以及风舒适区面积比。

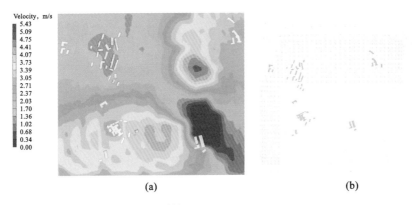

(a)　　　　　　　　　(b)

图 4-12　二官寨村冬季风环境模拟结果

（a）二官寨村冬季风速云图；（b）二官寨村冬季风速矢量图

二官寨村冬季室外风速最大值为 2.71 m/s，西北侧建筑风压差超过 7 Pa。除东北侧零星建筑受冬季风影响较大外，其余建筑室外风舒适度较好，这也得益于西北侧山体对冬季风的阻挡与距离河流较远两方面的因素。由于山体对冬季风的阻挡，只有东北侧和南侧的新建建筑周围存在风速较快的情况，其余吊脚楼群风速均在冬季风舒适度范围内，冬季防风效果较好。建筑为多进院落围合，可利用天井进行风的引导。

从风速矢量图与建筑朝向布局中分析得出，建筑西南至东北朝向与冬季风形成一定夹角，对冬季风有一定阻挡的作用。

总体而言，二官寨村冬季防风效果相对较好。

4.2.4　不同类型聚落风环境对比小结

本节对团状密集型、带状聚居型和点状散布型三个类型的典型案例进行
Phoenics 风环境数值模拟分析，从模拟计算结果的风速最大值、冬夏两季风速云图、
冬夏两季风速矢量图几个方面进行比较分析，整理得出下列结果，如表 4-7 所示。

表 4-7　三种类型聚落风环境对比

季节	参数	滚龙坝村	金龙坝村	二官寨村
夏季	静风区面积比	17.76%	0.38%	40.21%
	舒适风区面积化	25.21%	3.89%	23.79%
冬季	静风区面积比	0.33%	2.19%	40.07%
	舒适风区面积化	0.92%	16.27%	14.75%

（1）从三个典型村落的冬季风速云图可以看出，滚龙坝村、金龙坝村、二官
寨村的冬季、夏季风速都小于 5 m/s，风速都在舒适风区的范围内。由于聚落面积
差异很大，本文以模拟运算的面积作为参考，其中夏季舒适风区最高的是滚龙坝村，
静风区面积最大的是二官寨村；冬季舒适风区面积最大的是金龙坝村，静风区面积
最大的是二官寨村；金龙坝村、二官寨村冬季整体风速较低，滚龙坝村的地势原因
导致南侧风速较快，北侧建筑群由于山体的阻挡形成了较大区域的舒适风区。

（2）综合以上几点分析，在空间布局方面，由于金龙坝村位于狭长形河谷地
带中，导致风速增大，二官寨村和滚龙坝村冬季室外风环境要优于金龙坝村，但是
夏季风环境则相反，金龙坝村的地理空间优势和有序的空间布局使得其风环境达到
一个较好的状态。

综上所述，得出以下结论。

（1）山体在一定程度上可以对冬季风进行阻挡，冬季风对居民在村落室外空间的
活动影响较大，通过对村落空间布局的调整能够提升村落内部冬季风环境的舒适度。

（2）密集型聚落使得聚落内部夏季形成静风区，导致自然风难以把湿气去除，
例如滚龙坝村的建筑密度非常高，但是通过建筑天井的引入和巧妙的空间布局，能
够改善自然通风的问题。

4.3 中观尺度下的聚落不同空间类型风环境模拟

4.3.1 不同建筑密度风环境模拟

考虑到影响聚落风环境的空间形态参数众多，建筑高度对于模拟结果也会产生影响，因此本文在对建筑密度与风环境的关联进行研究时，将建筑高度进行统一，对水田坝村案例以理想状态进行模型的构建。水田坝村研究区域网格划分如图 4-13 所示，不同建筑密度模型如图 4-14 所示。

选取夏至日正午的风速作为风环境计算数据，平均风速为 2.0 m/s，根据建筑

图 4-13 水田坝村研究区域网格划分

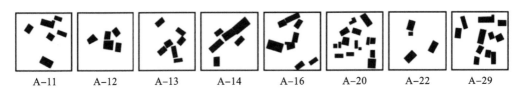

A-11   A-12   A-13   A-14   A-16   A-20   A-22   A-29

图 4-14 不同建筑密度模型

室外风环境模拟结果，在 Phoenics 中对各组建筑密度模型进行计算区域和网格设
置。选取 1.5 m 人行高度处作为模拟结果，如图 4-15 所示。可得出水田坝村夏季

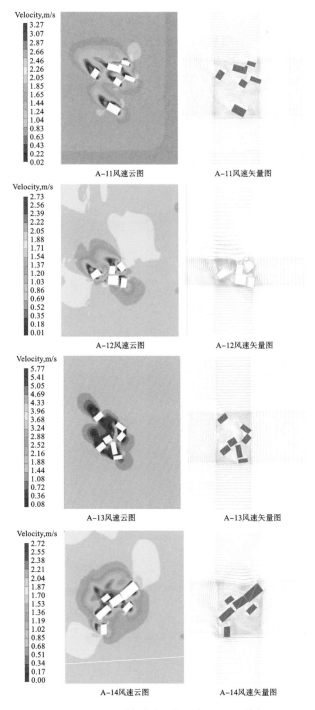

图 4-15　不同建筑密度下的风速云图及风速矢量图

风环境数值（见表 4-8），整理可得出建筑密度与聚落风环境的关系，如图 4-16 所示。

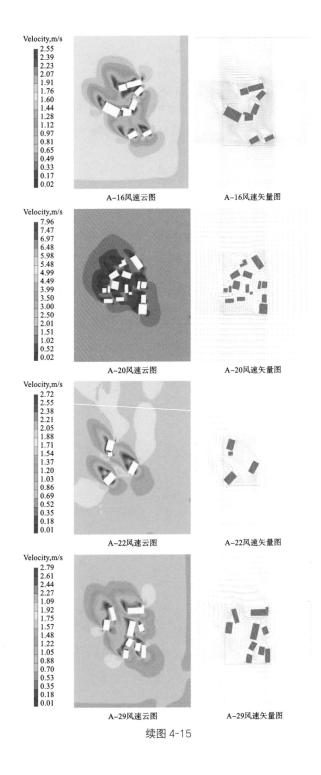

A-16风速云图　　A-16风速矢量图

A-20风速云图　　A-20风速矢量图

A-22风速云图　　A-22风速矢量图

A-29风速云图　　A-29风速矢量图

续图 4-15

表 4-8 夏季风环境数值

编号	建筑密度	静风区面积比	舒适风区面积比
A-11	0.1090	8.09%	90.05%
A-12	0.0914	3.78%	77.46%
A-13	0.1027	13.57%	84.53%
A-14	0.1708	7.52%	81.63%
A-16	0.1607	9.79%	88.08%
A-20	0.1726	12.07%	86.86%
A-22	0.0730	5.91%	77.93%
A-29	0.1758	8.30%	90.35%

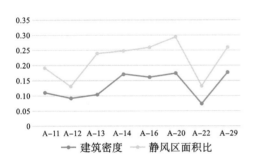 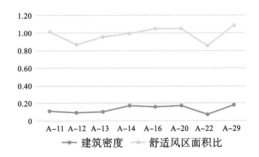

图 4-16 建筑密度与聚落风环境的关系（建筑密度 - 静风区面积比和建筑密度 - 舒适风区面积比关系）

4.3.2 不同空间单元模式风环境模拟

从构成聚落的要素去剖析影响聚落风环境的机理，通过探讨各要素组合成的不同空间单元模式的风环境，归纳出风环境舒适度较好的空间组合类型。

通过对四种典型空间单元模式进行夏季风环境模拟，得出模拟结果如图 4-17 所示。

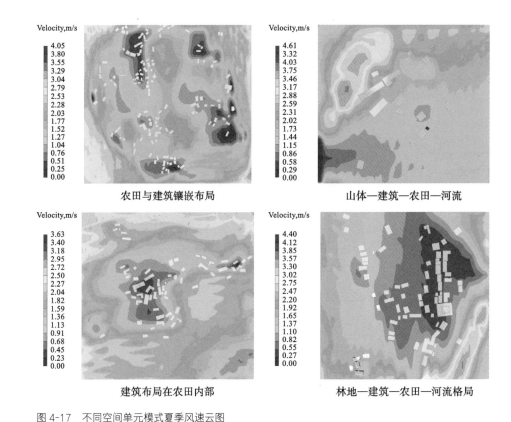

农田与建筑镶嵌布局　　　　　山体—建筑—农田—河流

建筑布局在农田内部　　　　　林地—建筑—农田—河流格局

图 4-17　不同空间单元模式夏季风速云图

　　从风速云图分析可得出以下结论。①农田与建筑镶嵌布局空间单元模式。建筑分布较为松散，部分建筑围合成的空间为静风区，风速为 0.25～0.51 m/s，农田区域风速为 1.77～2.03 m/s，可缓和建筑组团内部风速较低的区域，对村落内部空间风环境起到改善的作用。②"山体—建筑—农田—河流"空间单元模式。梯田区域风速较大，但是通过卫星图像发现该村落在边界种植了大量植物对自然风进行引导分流，从而使得建筑室外空间达到风环境舒适的状况。③建筑布局在农田内部空间单元模式。仅存在局部区域的静风区，而静风区往往分布在建筑布局非常密集的区域，农田区域风速为 1.59～2.27 m/s，建筑组团周围风速小于 1.59 m/s，为夏季风环境舒适区。④"林地—建筑—农田—河流"空间单元模式。建筑密集的区域风速为 0.27～0.55 m/s。而建筑分布较为松散的区域，风速在舒适风区区间内。在进行村落空间布局时，可适当调整建筑组团间距或各要素的空间位置，改善村落内部风环境。本文通过研究"林地—建筑—农田—河流"空间单元模式发现，聚落的风环境和建筑的竖向关系与村落选址的坡向密切相关，聚落的空间布局根据传统建筑营建模式去适应坡向，从而营造舒适的聚落空间环境。

从不同的空间单元模式风环境的对比得出，调控农田的分布及其竖向关系、合理布置植物等措施对改善村落现状风环境具有积极作用。对于村落现有建筑空间环境可以利用植物优化风环境状况。对于村落未来规划与空间布局，可采用村落构成要素的不同组合类型去优化内部风环境，以低碳的方式去改善村落空间形态，营造舒适的空间。

4.3.3　不同街巷尺度风环境模拟

部分村落由于历史背景的原因形成带状街巷空间。街巷空间作为村落空间的基本骨架，承担了连接建筑院坝空间、交通引导、沟通交流的功能。小尺度的街巷可以看作是建筑与建筑之间的空隙，形成自然通风廊道，有利于改善村落内部空间的风环境。

本文通过对鄂西地区临水型聚落样本的卫星图和空间形态肌理的分析，综合考虑坡度、坡向等因素，选取凉雾乡纳水溪村的街巷作为不同街巷尺度的风环境模拟对象。夏季盛行风与该村街巷空间形成一定夹角，对夏季风进入街巷形成一定阻隔，因此通过调整街巷尺度改善街巷内部空气质量和舒适度，在一定程度上改善村落内部风环境。

本文根据鄂西地区街巷的现状调研发现，鄂西地区内部街巷尺度相对较小，主要街巷宽度在 4～6 m，二级街巷大部分宽度为 2 m，部分街巷由于建筑紧邻的原因更为狭窄。因此，本文将街巷宽度的变量分别设置为 1 m、2 m、3 m、4 m，长度为 150 m。街巷模型为凉雾乡纳水溪村东侧区域原型，如图 4-18 所示。夏季平均风速 2.0 m/s，模拟风向为东南风向，分析不同街巷空间尺度的风速云图和风速矢量图。

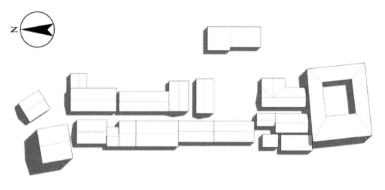

图 4-18　街巷模型图

不同街巷尺度风环境模拟结果如图 4-19 所示。

通过对街巷不同尺度的风环境模拟结果进行分析，在人行高度（1.5 m），夏季东南风吹向建筑时，建筑背后会形成风涡流，造成该区域风速降低。当风速低于 0.70 m/s 时，自然风在街巷空间中难以更新，污染物难以散去，导致空气质量降低，居民的舒适度也随之降低。从风速图和风速矢量图中可以看出，风影区内存在风涡流，风速降低。南侧街巷由于中部区域为空地，自然风遇到建筑的阻挡后产生回流风，在风涡流区域周围形成停滞区。自然风与回流风的方向相反。从建筑屋顶穿过的风、街巷回流风等各种状况的风汇集到一起形成尾流，说明建筑和停滞区域内的风环境较为复杂。

分析风环境模拟的结果可知以下几点。①当街巷宽度 W=1 m 时，吹向街巷内部空间的自然风较少，在建筑背面形成局部的风涡流，街巷内最大风速为 1.38 m/s，街巷内部和建筑背面出现大面积的静风区，风速远低于夏季舒适风区数值。由于街巷过于狭窄，自然风难以进入街巷内部空间，风速为 0.04 ～ 0.54 m/s，风速过小，居民在街巷内部活动会感到闷热，体感舒适度较差。②当街巷宽度 W=2 m 时，相较于 1 m 街巷，静风区面积显著减小，街巷内部风速也有所提高，局部区域风速在 1.07 ～ 1.76 m/s 之间。但南侧街巷同样存在大面积的静风区，南侧的"回"字形建筑对街巷夏季风环境造成一定程度的影响。村落中部区域风环境状况较好，最

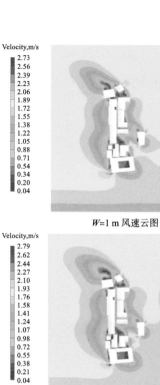

W=1 m 风速云图   W=1 m 风速矢量图

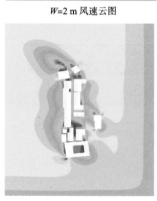

W=2 m 风速云图   W=2 m 风速矢量图

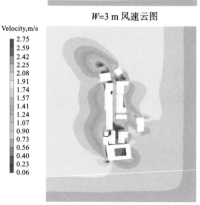

W=3 m 风速云图   W=3 m 风速矢量图

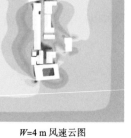

W=4 m 风速云图   W=4 m 风速矢量图

图 4-19 街巷风环境图

大风速为 1.76 m/s，静风区区域面积减小，舒适风区面积增加，街巷内部自然通风状况较好。③当街巷宽度 W=3 m 时，静风区面积没有明显的变化，自然风吹向中部建筑形成回流风，使得南侧街巷舒适度有了一定的提升，街巷内部污染物随着自然风而逐渐消散，街道内部风环境质量呈现出较好的状况。④当街巷宽度 W=4 m 时，自然风风速随着街巷内部空间宽度的增加而降低，风速为 0.73 ～ 1.07 m/s，但还是在夏季舒适风区数值范围内。街巷宽度增加，街巷受到的太阳辐射区域面积会相对增加，内部空间不会出现风速过低或风速过高的情况，在考虑交通的情况下，主要街巷的宽度最好控制在 4 m 左右，次要街巷的宽度最好控制在 2 m 左右，既满足街巷内部空间自然通风的要求，又能节省村落用地空间。

从四组风环境模拟结果分析得出，街巷宽度从 1 ～ 4 m 的风速变化及静风区、舒适风区面积比的统计情况，如表 4-9 所示。除了街巷宽度 W=2 m 的情况外，当街巷宽度参数增加时，街巷内部舒适风区面积比增大，内部空气流动良好。

表 4-9　街巷风环境数据

街巷宽度	静风区面积比	舒适风区面积比
W=1 m	7.99%	52.90%
W=2 m	2.10%	60.18%
W=3 m	8.60%	52.83%
W=4 m	8.94%	58.91%

综上所述，鄂西地区聚落内部传统建筑布局较为紧凑，在村落未来的规划建设中，要注重街巷空间的梳理，避免主要的街巷空间出现风环境舒适度较差的情况。新建建筑最好呈现平行或错落排列，建筑之间留一定的空间供自然风进入，这样能够减少静风区的面积。另外要注意街巷宽度不能过窄，例如，W=1 m 时，街巷内部整体风环境状况较差。因此，村落规划时要适当增加街巷的宽度，以便更多的自然风吹向村落内部。

4.3.4 不同坡度聚落风环境模拟

通过对鄂西地区聚落空间形态和肌理进行分析，选取徐家寨进行模型构建。徐家寨整体布局较为规整，建筑呈现层级布局，村落坡度为 7°。本文以 5°、7°、9°、12° 的坡度参数对徐家寨进行风环境模拟，模拟简化模型如图 4-20 所示。

通过对不同坡度风环境模拟，结果如图 4-21 所示。

图 4-20 不同坡度模型示意图

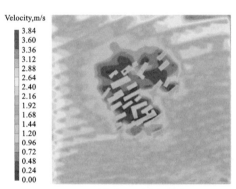

坡度=5° 风速云图　　　坡度=5° 风速矢量图

坡度=7° 风速云图　　　坡度=7° 风速矢量图

图 4-21 不同坡度风环境图

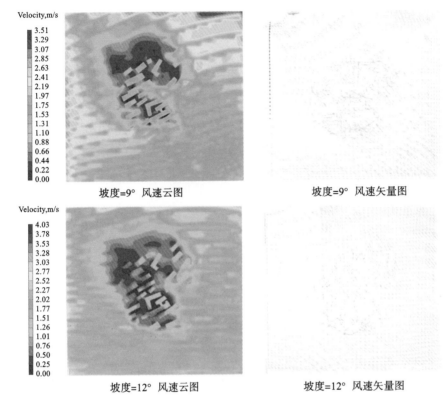

坡度=9° 风速云图 　　　　　　　坡度=9° 风速矢量图

坡度=12° 风速云图 　　　　　　　坡度=12° 风速矢量图

续图 4-21

4.4 微观尺度下的聚落空间风环境模拟

4.4.1 不同公共空间风环境模拟

通过对 24 个临水型聚落公共空间的空间围合度和空间肌理进行调研和分析发现，公共空间由于村落的地形、布局等因素的不同，导致空间开合度存在差异。本文将公共空间划分为开敞型、半开敞型以及围合型三种类型。本文要进行风模拟的公共空间分别是大路坝区蛇盘溪村、来凤县三胡乡三石桥村和大河镇五道水村徐家寨，如图 4-22 所示。

通过调研发现，居民大多会选择夏季在公共空间进行日常交流、广场舞等娱乐活动，因此对三个村落的公共空间进行夏季风环境模拟，模拟结果如图 4-23 所示。

大路坝区蛇盘溪村　　　　　　县三胡乡三石桥村　　　　　大河镇五道水村徐家寨

图 4-22　不同聚落公共空间

大路坝区蛇盘溪村夏季风速　　　　大路坝区蛇盘溪村夏季风速矢量

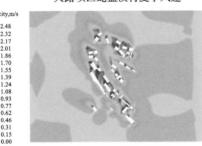

县三胡乡三石桥村夏季风速　　　　县三胡乡三石桥村夏季风速矢量

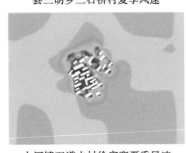

大河镇五道水村徐家寨夏季风速　　大河镇五道水村徐家寨夏季风速矢量

图 4-23　不同聚落公共空间夏季风环境

对三个村落的公共空间风环境模拟结果进行对比分析，得出以下结论。①蛇盘溪村公共空间风速为 0.15～0.76 m/s，三石桥村公共空间风速为 0.15～0.62 m/s，而徐家寨公共空间风速为 0.15～0.31 m/s。②三石桥村静风区面积比在三个村落中最小。③徐家寨公共空间被周围的建筑所围合，夏季自然风被建筑阻挡导致风速较低，该区域为静风区域，自然通风效果较差，容易形成污染物沉积，居民在此空间活动的舒适感会下降。④为了改善自然通风，可采取种植植物形成风廊的方式将夏季自然风引向村落内部。

4.4.2　不同聚落的建筑组团空间风环境模拟

选取建筑密度划分网格的 A-11、A-14、A-29 区域，并将其分为建筑东南—西北走向、建筑西南—东北走向以及建筑南北走向三种。通过对这三种类型进行夏季风环境研究，归纳出建筑围合成的风环境舒适度与建筑朝向对空间的影响，从而采取相应措施改善村落内部风环境。

通过对比三种不同朝向的建筑组团风环境，模拟结果如图 4-24 所示。建筑西南—东北走向类型夏季风的迎风面积最大，能够形成具有舒适风环境的院坝与活动空间，但是其建筑间距较小，导致建筑背后的静风区面积相对较大，可采用改变建筑布局、种植植物等方式改善风环境。建筑东南—西北走向类型风影区域相对狭长，夏季自然风可顺畅地吹向聚落内部；建筑南北走向类型与建筑西南—东北走向类型结果相似。

在鄂西聚落中，建筑选址受地形等众多因素限制，一般在缓坡处沿等高线布局，南北走向的建筑大多分布在平地。聚落内部布局应选择西南—东北布局方式，并充分考虑建筑间距，让更多的夏季自然风进入聚落内部，从而改善其风环境。

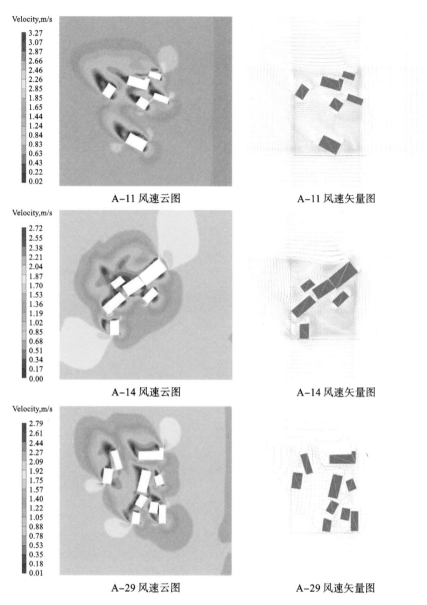

A-11 风速云图　　　　　　　　　　A-11 风速矢量图

A-14 风速云图　　　　　　　　　　A-14 风速矢量图

A-29 风速云图　　　　　　　　　　A-29 风速矢量图

图 4-24　聚落不同建筑组团空间夏季风环境

本章参考文献

[1]　中华人民共和国住房和城乡建设部.建筑结构荷载规范：GB 500G—2012[S].
　　　北京：中国建筑工业出版社，2012.

[2] 杨梦瑶.高大空间建筑分层空调气流组织的设计优化研究 [D]. 成都：西华大学,2019.

[3] 中华人民共和国住房和城乡建设部. 绿色建筑评价标准：GB/T 50378—2019[S]. 北京：中国建筑工业出版社，2019.

[4] 赵逵,丁援,万敏.湖北宣恩县彭家寨——国家历史文化名城研究中心历史街区调研 [J]. 城市规划,2009,33（08）:97-98.

5 鄂西土家族临水型聚落空间风环境实例模拟研究

——以宣恩县彭家寨为例

- 彭家寨聚落概况
- 彭家寨聚落空间形态特征
- 彭家寨风环境模拟研究
- 彭家寨聚落空间形态的风环境适应性
- 结语

5

5.1 彭家寨聚落概况

5.1.1 地理区位

彭家寨位于湖北恩施州宣恩县沙道沟镇的两河口村，该地区属于武陵山区，如图 5-1 所示。彭家寨的传统建筑保存较为完好，占地面积约 5000 m²，建筑面积约 12000 m²。该聚落背靠观音山，面向龙潭河，具有背山面水的格局。彭家寨的原住居民大多数是从湖南沿着酉水迁移至此。现今彭家寨共 45 户，200 余人。村落位于河谷与山谷交汇处，进入聚落须经过索桥，环境较为封闭，很少受到外界的干扰，历史风貌保存完好。

图 5-1　彭家寨区位

5.1.2 历史发展

彭家寨原名为凉亭桥，建于明末清初，当时聚落已有一定的规模。清代末期，两次川盐运动使得彭家寨成为重要的运盐通道，而著名的吊脚楼群也是在当时的时代背景下产生的。

5.1.3　气候特征

彭家寨的气候特点是夏季闷热多雨，由于山地海拔的差异性导致气候特征不同。山地聚落有着"低山称谷，高山围炉"的称号。该地区地形地貌和气候独特，植物种类繁多，这也为当地建筑的建设活动提供了大量的木材。

沿河地区的聚落由于地势原因导致湿气积聚，四周山脉对冬季寒风和夏季凉风有一定的阻隔作用，这也使得临河聚落较为封闭。研究表明，在夏季，太阳辐射被山体阻挡，使得聚落温度适宜，而从傍晚开始，聚落湿度会逐渐增加；白天大部分时间湿度在 80% 左右，而建筑密集布局的区域湿度更大。为了提高聚落内部气候舒适度，需要对内部空间形态进行调整，在合适区域适当增加公共空间，增加其自然通风的效应。聚落的风环境还与坡向有关，西坡和北坡地区气候舒适度一般不佳，但是居民会对建筑的朝向和自然要素进行调整。而南坡一直是建筑选址的最优选择。山地临水聚落风环境的特点是白天从河流吹向聚落，而傍晚则是从山体吹向河流，形成谷风；受山地、河流的热容性质的影响，会形成山风，这也使得彭家寨成为临水型聚落不同空间类型风环境模拟验证的优选样本。

5.2　彭家寨聚落空间形态特征

5.2.1　宏观村落形态

1. 自然环境

彭家寨位于沙道沟镇西南部龙潭河河谷地带，村落背靠观音山，南面有案山"十八罗汉拜将军"，北侧有金字塔山，山体呈环抱之势。建筑依山而建，从南至北顺应地势层级分布，整体呈西北—东南走向，村落坐落在观音山山谷的叉肌沟和龙潭河交汇处，主山、聚落、河流和案山形成轴线。这也说明彭家寨符合传统风水学中的堪舆学说。在聚落和龙潭河之间有平坦的农田,即为"前坝明堂"。彭家寨全景如图 5-2 所示。

2. 整体布局

彭家寨整体沿着龙潭河一侧而建,反映了聚落遵循"负阴抱阳""背山面水"的传统格局的营建方式。受到地形、农业等影响,村落的规模较小,聚落没有以祠堂、摆手堂等公共建筑为中心布局,而是顺应等高线灵活布局,以对地形干预最小的原则去修建。建筑大多呈西南—东北走向,这也使得村落与来自叉肌沟河谷吹来的冬季风形成一定夹角,对冬季风有一定阻隔的作用。彭家寨南侧为龙潭河,河流冲刷地形,形成肥沃的耕地。随着现代农村建设和扩张,吊脚楼群从中心向两侧延伸,在平面肌理中呈现"T"形(见图 5-3)。

图 5-2　彭家寨全景

图 5-3　彭家寨整体布局与建筑编号

3. 村落边界

彭家寨选址符合传统建筑学观念，北侧有龙脉，南侧有案山和龙潭河，形成依山傍水的空间格局。山水环抱村落，使其与外界形成一道天然屏障，而通往聚落的道路为一道铁索桥，如图 5-4 所示。

图 5-4　彭家寨铁索桥

5.2.2　中观街巷形态

1.街巷结构

彭家寨的街巷为不规则层级结构，如图 5-5 所示。由于建筑依据等高线呈层级分布，道路在平面布局上灵活布局。道路体系包括道路、台阶、桥和院坝。在不同层级的建筑之间，使用石阶解决高差问题。聚落在肌叉沟和龙潭河修建了风雨桥和铁索桥。而院坝除了作为居民生产活动的场所外，还是具有多重功能的空间。

彭家寨的内部道路呈鱼骨形态分布，如图 5-6 所示，分为平路缓坡、台阶和桥梁三级。大多数道路是居民根据需求自然形成的，主干道分布在村落的中心区域，次干道连接建筑间的院坝。从道路平面形态来看，断头路和小路分布较为零碎；整体来看，聚落连接外界的道路不多，但是能够满足居民日常交通需求。

2.街巷尺度

由于地形限制，彭家寨的街巷没有形成规则的结构，主要是由道路以及建筑与建筑间的檐下空间组成。

图 5-5　彭家寨街巷结构

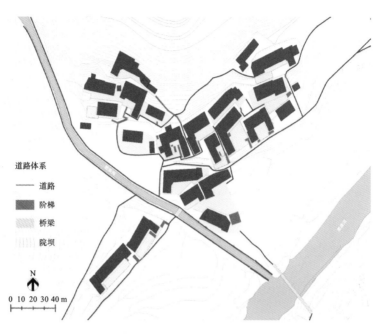

图 5-6　鱼骨形态道路分级系统

　　院坝、建筑间的檐下等空间组成了村落的街巷系统，如图 5-7 所示。建筑门前的院坝空间整体面积较大，道路的宽高比约为 4，而不同层级建筑间的道路宽高比在 1～2 之间；檐下空间宽高比相对较大，在此停留会产生舒适的感受，但是局部檐下的灰空间会形成静风区。

图 5-7　彭家寨街巷尺度

3. 街巷界面

街巷的底界面包括道路、檐下空间、院坝等，道路、台阶和檐下空间一般采用青石板，局部选用水泥硬质铺地。建筑材料的选择与道路的功能需求有关。侧界面则由院坝、道路挡土墙以及建筑本身所组成。院坝挡土墙以石材为主，局部有垂直绿化，大多使用石材栏杆或盆栽进行围合。

4. 街巷节点

彭家寨街巷空间类型相对单一，部分节点空间为几栋建筑围合而成的小型广场（见图5-8）、风雨桥以及建筑院坝。檐下空间兼具复合功能特征，部分设置坐凳形成休憩纳凉的空间。

图5-8　小型广场

5.2.3　微观宅院形态

1.院落空间构成要素

彭家寨的院落类型以"L"形的布局方式为主,大多数建筑为了满足现代生活需求而在正屋的基础上进行扩建。院落空间主要由正房、厢房、院坝等要素构成。其中,正房是居民日常生活起居的空间,承担了重要的功能,厢房一般会作为储藏间,檐下的空间不仅可以储藏粮食,还可以设置坐凳作为休憩空间。

2.建筑平面布局

彭家寨作为土家族聚落的典型代表,以吊脚楼群而著名。彭家寨的建筑经历了四个历史阶段。第一阶段,为吊脚楼民居建筑;第二阶段,村落建设(为吊脚楼空间布局形态定下了基调);第三阶段,村落在原来基础上进一步扩建,聚落形态基本确定;第四阶段,在吊脚楼周围加建建筑,这也使得聚落内部空间形态发生了改变。

在建筑类型方面,彭家寨传统民居建筑分为"一"字形建筑、"L"形建筑、"U"形建筑三种类型,如图5-9所示。彭家寨以"一"字形建筑和"L"形建筑为主,"U"形建筑较少(仅2栋)。根据对不同建筑年代的分析,部分"一"字形建筑经过扩建呈"L"形,而扩建的部分往往会采用吊脚楼的方式建造,该部分建筑会承担附属建筑的功能。5号、16号建筑在原来的"L"形建筑旁边加建吊脚楼后形成"U"形建筑,该建筑最开始还是以"一"字形为主。

建筑朝向大多呈西北—东南走向,建筑之间独立成体系。每栋建筑面积为数百平方米,由正屋和厢房组成,正屋一般为三开间,厢房采用吊脚楼的灵活布局形

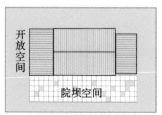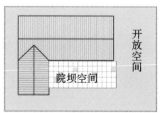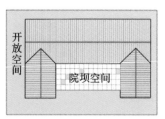

图 5-9　传统民居建筑院落开放空间

式，有的采取上下两层厢房形成三层空间，满足生产生活的需求。彭家寨的建筑样式是干栏式与其他形式建筑结合成的类型。20 余栋建筑有 6 种吊脚楼形式，其中包括单吊式、双吊式、三层吊式、平地起吊式、"一"字形起吊式（赵逵，丁援等，2009）。

彭家寨的建筑功能类型分为民居建筑和公共服务建筑。彭家寨建筑群大部分为民居建筑，随着彭家寨风景区的开发建设，彭家寨在保持村落原来历史风貌基础上，逐渐开发文旅项目。通过调研发现，在靠近西侧肌叉沟的位置新建了景区公共服务建筑（编号为 21 号、22 号建筑）。

彭家寨民居建筑的功能布局图如图 5-10 所示。室内的空间包括堂屋、卧室、厨房、储物间、厕所、火塘等。堂屋一般布局在建筑的正前方，卧室布局在建筑背面，而厢房则布局在正屋一侧的吊脚楼上，储藏间分布较为零散，往往利用建筑的隐蔽空间进行改造，披屋一般布局为上层厕所、下层猪圈或者储藏间。

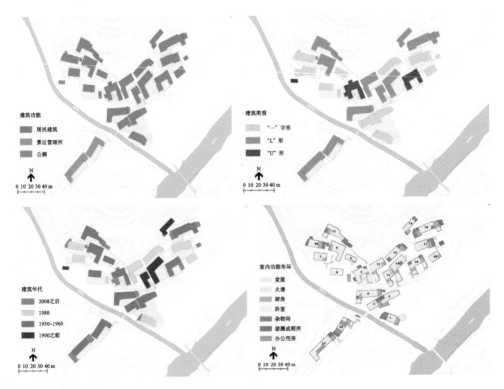

图 5-10   建筑分析

5.2.4 聚落周围环境特征

1. 观音山

彭家寨背后是观音山（见图5-11），位于"观音座莲"旁。聚落的营造并没有改变山体地形，山体坡度较陡，建筑选择较为平缓的区域进行建筑布局。建筑以吊脚楼的形式适应地形，沿着等高线错落布局，营造了层级的关系，建筑排列均衡，相互间没有进行风环境、采光等物理环境的遮挡。从河对岸望去，错落布局的吊脚楼群展现其独特的魅力，好似一幅画卷。

2. 龙潭河

龙潭河是酉水的分支，原名为细沙溪，随着溪流流量的增大，细沙溪更名为龙潭河，如图5-12所示。各个村寨和一条老街分布在龙潭河两岸。村民能够利用河流的水作为农田灌溉和生活用水。明末清初，龙潭河还是川盐古道的一部分，如今不再具备交通运输的功能。

3. 风雨桥

风雨桥建于1859年，距今已有百余年历史。风雨桥架设在肌叉沟上（见图5-13）。该位置位于河谷中，在夏季，河谷风速较其他地方大，能够吹来一阵阵凉风，

图5-11 彭家寨背后的观音山

图 5-12 龙潭河

图 5-13 风雨桥

可供人们在此纳凉休憩。桥的主体为穿斗式结构，桥全部采取木材进行建造，桥的两侧有木质栏杆和坐凳供人休憩。风雨桥不仅具备交通出行的功能，还是村落中独具特色的公共空间，村民们在此聚集聊天和商议活动。

4. 铁索桥

彭家寨的铁索桥架设在龙潭河上，作为从外界通向村落的路径，是村落的主入口，从乡道经过铁索桥就能够进入彭家寨。由于龙潭河宽度较宽、雨季与旱季水位差较大的原因，综合各方面的因素，建造轻盈、简单的铁索桥成为桥梁交通的优先选择。铁索桥既能满足交通出行的需求，自身又能形成一道风景线（见图 5-14）。

图 5-14　铁索桥

5.3　彭家寨风环境模拟研究

5.3.1　聚落整体风环境模拟

1. 季东南风向地表风环境分析

如图 5-15 所示，彭家寨夏季地表风速云图中可以看出，彭家寨东侧建筑呈层级稀疏分布，自然通风效果较好，风速为 0.88 ～ 1.46 m/s。村落中心区域建筑分布密集，存在较大面积区域的静风区。从村落选址来看，在夏季聚落自然通风情况较好；从空间布局上看，建筑由于在村落早期的传统建筑周围进行选址营建，没有考虑新建建筑对该区域风环境的影响情况。建筑周围风速最大值为 1.46 m/s，以建筑周围环境为村落面积范围，静风区面积比为 1.16%，舒适风区面积比为

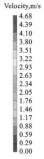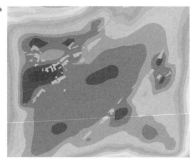

图 5-15　彭家寨夏季地表风速云图

96.57%，夏季风环境舒适区面积占比非常大。居民风环境体感舒适度较好，能够在院坝、街巷和公共空间等进行生产生活活动，空间场所感较好。风速较大的区域在村落东侧，静风区出现在村落西侧建筑分布密集的区域，整体风环境良好。

2. 冬季东北风向近地表面风环境分析

从图 5-16 可以看出，模拟区域内总体风环境处于一个较好的状态，但是在彭家寨肌叉沟与龙潭河的交汇处分布的建筑区域风速较大，达到 2.8 m/s，在后续风环境的改善中应适当种植植物阻挡冬季寒风。冬季，静风区面积比为 3.40%，舒适风区面积比为 83.42%，村落东北侧风速较大，建筑周围最大风速可达 2.66 m/s。由于该区域为观音山的河谷地带，冬季风从狭窄的河谷地带吹向村落，形成较大风速的冬季风。从冬季风速矢量图中可以看出，冬季风从西北侧的河谷中吹来，造成北侧建筑冬季风环境舒适性较差。

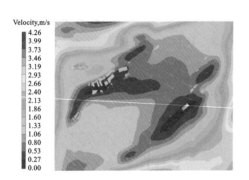

图 5-16　彭家寨冬季风环境

基于彭家寨的冬夏季风环境分析，可以看出村落整体的风环境状况较好，但建筑密集的区域容易形成静风区，在北侧观音山山谷中形成风廊，冬季风容易侵袭北侧建筑。

5.3.2　聚落不同演变时期风环境模拟

对彭家寨 1950—1960 年、1970—1980 年以及 2008 年三个不同历史时期的村落风环境的冬夏两季风模拟结果进行分析，得出聚落密度和空间布局对聚落风环境状况的影响，从而探究聚落内部风环境的变化规律。

（1）2008 年风环境状况。

对夏季风速云图和风速矢量图（见图 5-17）分析得出，村落东侧和东南侧存在大面积的静风区，建筑较为密集的区域风速集中在 0.25 ～ 0.49 m/s 区间，建筑外围最大风速为 1.48 m/s。建筑与建筑之间所形成的檐下街巷空间等密集区域对夏季风进行直接阻挡。屋檐对建筑屋顶的自然风进行引导，使得街巷内部长期形成静风区。在今后的村落规划建设中，建筑应布局在村落东北侧山坡处，既能阻挡冬季的寒风，又能增加建筑的夏季迎风面积，提高村落的自然通风效果。

分析冬季风速云图和风速矢量图，村落东北侧风速较其他区域风速大，由于该区域位于肌叉沟河谷地区，冬季风从山体吹向聚落，可采取种植植物和调整建筑布局的方法应对冬季寒风侵袭的问题。

（2）1970—1980 年风环境状况。

如图 5-18 所示，分析夏季风速云图和风速矢量图得出，村落仅存在一小部分

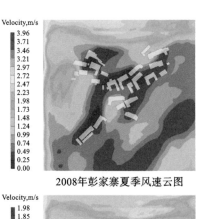
2008年彭家寨夏季风速云图

2008年彭家寨夏季风速矢量云图

2008年彭家寨冬季风速云图

2008年彭家寨冬季风速矢量云图

图 5-17　彭家寨 2008 年风速云图和风速矢量图

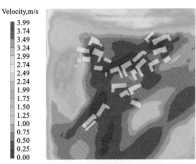

1970—1980年彭家寨夏季风速云图   1970—1980年彭家寨夏季风速矢量云图

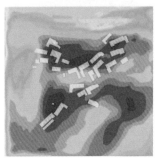
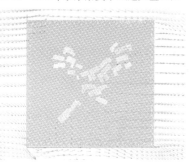

1970—1980年彭家寨冬季风速云图   1970—1980年彭家寨冬季风速矢量云图

图 5-18   彭家寨 1970—1980 年风速云图和风速矢量图

风速小于 0.25 m/s 的区域，除了村落中心区域密集分布的建筑，建筑周围最大风速为 1.50 m/s，夏季整体风环境状况较好。

分析冬季风速云图和风速矢量图可知，由于新建的建筑不多且建筑呈分散分布，在冬季，建筑周围风速在 0.13 ～ 0.52 m/s 之间，居民在街巷和院坝能够舒适地进行日常活动。

（3）1950—1960 年风环境状况。

如图 5-19 所示，对夏季风速云图和风速矢量图分析得出，村落建筑东南侧迎风面风速为 1.10 ～ 1.65 m/s，静风区面积占比非常小，村落能够形成一个舒适的风环境空间。

分析冬季风速云图和风速矢量图可知，西北侧建筑背后形成静风区和风涡流，风速不超过 0.77 m/s，在进行聚落空间布局时要同时考虑夏季自然通风和冬季防风的设计策略。

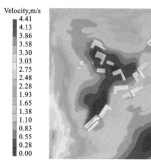

1950—1960年彭家寨夏季风速云图　　1950—1960年彭家寨夏季风速矢量云图

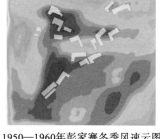

1950—1960年彭家寨冬季风速云图　　1950—1960年彭家寨冬季风速矢量云图

图 5-19　彭家寨 1950—1960 年风速云图和风速矢量图

（4）不同历史时期风环境数据对比。

随着建筑的增建和扩建，聚落内部风环境呈现不一样的模拟结果，如表 5-1 所示。随着建筑密度的增加，夏季舒适风区的面积占比越来越小，静风区面积越来越大。但是在冬季风环境方面，随着建筑密度的增加，静风区面积没有太大的变化。由于山体的阻挡，只有小部分区域受到冬季寒风的侵袭；舒适风区面积呈现减小的趋势，但减小的幅度较小。

表 5-1　不同历史时期风环境数据

季节	评价指标	1950—1960 年	1970—1980 年	2008 年
夏季	静风区面积比	22.83%	23.42%	26.71%
	舒适风区面积比	44.13%	41.57%	34.75%
冬季	静风区面积比	11.84%	12.95%	12.65%
	舒适风区面积比	13.35%	11.73%	10.60%

5.3.3 公共空间不同空间形态风环境模拟

在彭家寨中选取了村落入口处的公共空间为模拟对象，如图 5-20 所示，并采用控制变量的方法对空间开合度、建筑高度、边界开口宽度三个空间指标进行风环境模拟，由于冬季风对该区域影响较小，所以选择夏季风进行数值模拟。

1. 空间开合度

空间开合度与建筑的布局、建筑的密集程度等要素有关。对于彭家寨入口处的公共空间来说，空间开合度（即建筑所围合的空间）是最能直接反映建筑布局的因素。S0 为彭家寨入口公共空间原型，建筑大小和朝向不变，将建筑所围合空间的面积作为设置变量，设置 S1、S2、S3 为对照组，分别进行风环境模拟，如图 5-21 所示。

由图 5-22 可得，随着公共空间开合度的增加，公共空间内部及南侧风速不断降低，但东侧以及广场中心区域风速稍有增大。

随着空间开合度的增大，公共空间整体风速增大，风环境舒适度面积增大，而静风区面积不断减小，如表 5-2 所示。

图 5-20 彭家寨入口公共空间现状图

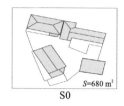 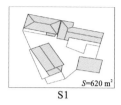  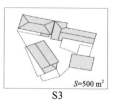

图 5-21　空间开合度的风环境模拟分析模型

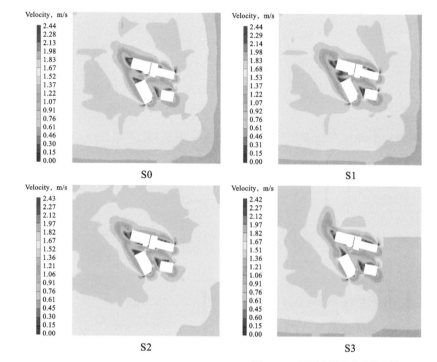

图 5-22　不同空间开合度的风速云图

表 5-2　空间开合度静风区数据

建筑所围合空间的面积	静风区面积比
S=500 m^2	1.71%
S=560 m^2	1.58%
S=620 m^2	1.38%
S=680 m^2	1.14%

整体来看，公共空间风环境较为理想，但是建筑背后会形成静风区以及风涡流，不利于场所的自然通风。增大空间开合度对公共空间风环境有明显的改善作用，但在公共空间建设过程中，应注意冬季防风措施以及其他因素对夏季自然通风的影响。

2. 建筑高度

由于夏季主导风向为东南风，因此仅改变公共空间南侧迎风建筑的高度，公共空间其他区域建筑高度保持不变。以 H_0 为公共空间原型，设置 H_1、H_2、H_3 三个不同建筑高度参数为对照组进行风环境模拟，如图 5-23 所示。

风环境模拟结果如图 5-24 所示。

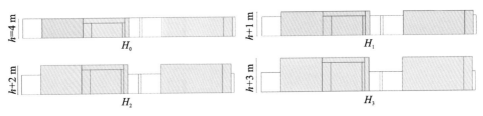

图 5-23　不同建筑高度的分析模型

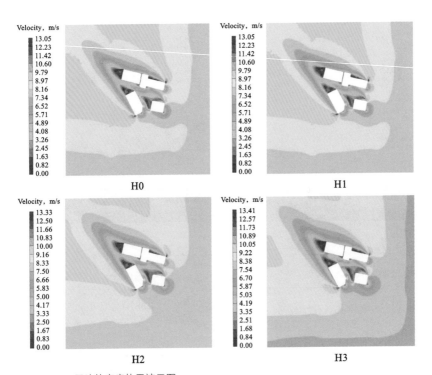

图 5-24　不同建筑高度的风速云图

由表 5-3 可知，随着迎风面建筑高度的增大，公共空间内部风速整体呈降低的趋势，静风区面积比也会不断增大，而舒适风区面积比逐渐减小。公共空间整体风速呈现边界风速大、中心区域风速减小的趋势。

表 5-3　不同建筑高度静风区数据

建筑高度	静风区面积比
H_0	5.25%
H_1	7.17%
H_2	7.97%
H_3	8.28%

整体来看，在夏季迎风面，建筑应降低建筑高度或建筑呈层级错落分布，以免阻挡自然风，这对公共空间风环境的优化有一定的作用。在公共空间营造时还要综合考虑植物种植、建筑布局等多因素，以减小对建筑风环境的影响。

3. 开口宽度

彭家寨入口公共空间南侧入口宽度为 8.66 m，为了探究边界入口宽度对公共空间风环境的影响，因此设置三个不同宽度变量的对照组进行风环境模拟，如图 5-25 所示。

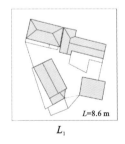
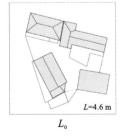
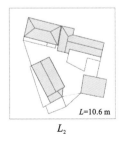
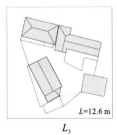

L_1　　　　　　L_0　　　　　　L_2　　　　　　L_3

图 5-25　边界开口宽度

　　如图 5-26 所示，从风速云图可以分析得出，风速的变化规律与建筑高度影响公共空间风环境的状况相似。随着公共空间入口宽度的增大，公共空间内部风速逐渐降低，但是在北侧建筑背面形成一定面积的静风区，该区域在夏季会给居民带来不好的体感，局部还会出现风涡流区域。

　　整体来看，通过调整建筑迎风面宽度的大小对公共空间内部风环境舒适度具有改善的作用。在公共空间营造过程中，适当调整入口宽度，有助于引导夏季自然风更多地吹向公共空间内部。

　　对于公共空间风环境状况较差的区域，可适当种植绿化植物改善地表温度，因为植物能够对自然风有引导的作用。

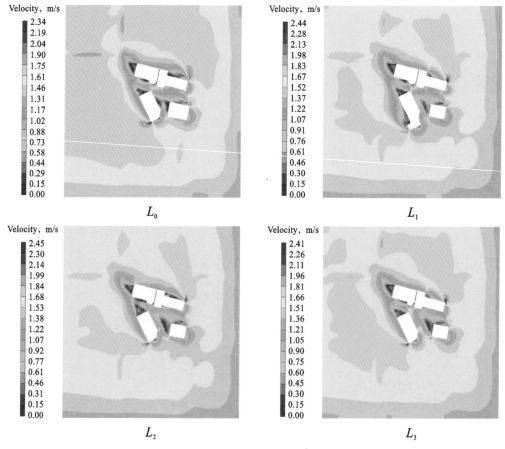

图 5-26　边界开口宽度各组风速云图

5.4 彭家寨聚落空间形态的风环境适应性

5.4.1 聚落山水空间格局的风环境适应性

临水型聚落不同的选址朝向、坡度等对聚落内部空间微气候有不同程度的影响，对风环境的影响最为直接。鄂西地区聚落宏观的外部空间、中观的街巷以及微观的院落空间对风环境都有不同的适应策略。通过对不同尺度空间的风环境研究，可归纳出适用于鄂西地区乃至鄂西土家族聚落的基于风环境优化的聚落空间形态规划设计策略。鄂西地区聚落顺应地势，通过被动式和适应性结合，对不利因素加以改造，有利于营造一个舒适的聚落风环境空间。以下是对聚落空间形态与风环境的关联性的归纳。

不同坡向和坡度下的聚落形成了不同类型和空间布局，以适应当地的风环境状况。彭家寨在选址布局时充分考虑周围的山水空间格局，随着建筑的层级布局，夏季风能够进入聚落内部，西南—东北走向的建筑对北面吹来的冬季风进行一定阻挡。

彭家寨充分利用山体作为庇护，聚落临水而建，既能调节气候，又能为耕地提供源源不断的水资源，为聚落选址营造提供舒适的风环境背景环境。聚落的早期集中和后期的水平延伸空间分布顺应山体地势，能够接受更多的夏季凉风，并为彭家寨未来的规划提供一个舒适的空间环境。聚落建筑依照地势呈不同层级分布，避免建筑对自然风的阻挡。彭家寨作为团状密集型的聚落，其舒适的冬夏两季风环境为居民提供适宜的空间场所感。因此，团状密集型聚落并没有因其建筑密度过高而造成夏季自然通风的问题。

5.4.2 街巷空间风环境适应性

街巷作为村落的框架，通过街巷的组织能够改善村落内部的风环境。彭家寨中心区域的建筑分布较为密集，街巷空间受到建筑屋檐出挑过多的限制，从建筑顶部穿过的自然风较难进入街巷内部。在夏季，街巷湿度和温度处于舒适的区间，但是局部区域自然通风效果较差。因此，对街巷的走向与夏季东南风向的夹角要综合考虑，这有利于改善街巷风环境状况。选取适合的街巷尺度能够阻挡冬季寒风和引导夏季凉风。扩大街巷局部空间能够形成公共空间。公共空间多位于村落边界或村落中心区域，对风环境的改善具有重要的作用。公共空间作为居民日常活动的空间，可通过绿化、建筑间距等要素的调整，利用下垫面、围合方式等方式改善风环境，为居民提供舒适的活动空间。

5.4.3　建筑院落空间的风环境适应性

彭家寨的建筑大多呈西南—东北走向，对冬夏两季自然通风都有考虑，聚落内部建筑的平面布局大多采用"L"形院落，院落的平面布局对聚落风环境的舒适度提高有着重要的作用。建筑的不同组合能够保证其最大程度接受太阳辐射的同时，又能改善聚落内部的自然通风效果。随着彭家寨建筑数量的增加，应对聚落内部风环境要更加重视，例如近几年建设的游客服务中心等公共建筑，应在不影响聚落传统风貌的同时，对聚落风环境有改善的作用。建筑的选址和朝向可体现出对风环境的适应策略，以解决彭家寨西北侧建筑周围冬季寒风侵袭的问题。

5.5　结语

5.5.1　研究总结

本文研究了鄂西山区 24 个临水型传统村落的空间形态特征，以流体力学数值模拟的手段对临水型聚落进行冬夏两季风环境模拟，并对聚落空间形态与风环境的关联性研究，归纳出临水型聚落空间的风环境适应规律，探讨了临水型聚落空间形态冬季防风和夏季引导自然风的相关策略。本文并不是对聚落直接进行风环境模拟，而是通过对聚落不同尺度的空间进行模拟，并归纳出空间的风环境适应规律，主要结论如下。

（1）鄂西土家族临水型聚落空间形态研究分析。

本文首先对鄂西土家族传统聚落概况、山水地貌特点进行基础研究，其次选取典型的临水型聚落的空间分布、空间特点以及空间形态类型进行阐述，最后从宏观选址、中观空间布局以及微观空间营造三方面对临水型聚落进行空间形态特征分析，梳理出临水型不同空间类型聚落与风环境之间的关联性。

（2）临水型聚落不同空间尺度下的空间类型研究。

本文研究临水型聚落不同空间尺度下的空间类型，从不同空间尺度总结并分析临水型聚落的空间形态特点。①在宏观尺度下，对团状密集型、带状聚居型和点状散布型三种不同类型临水型聚落的概况、选址、历史沿革以及空间布局进行空间形态的详细阐述。②在中观尺度下，对聚落的街巷尺度、建筑密度、坡度以及不同空间单元模式分别进行不同空间类型研究，并阐述中观尺度下空间形态指标对风环境的影响。③在微观尺度下，对不同聚落的公共空间类型、建筑组团空间进行划分并阐述。

（3）不同空间尺度下临水型聚落风环境模拟评价分析。

本文从风环境与聚落空间形态关联的视角来展开风环境研究，通过对临水型聚落不同尺度空间类型的研究，以空间尺度的视角对聚落进行风环境模拟并进行分析。首先从宏观尺度下对团状密集型聚落、带状聚居型以及点状散布型三种不同类型聚落进行风环境模拟，并结合聚落选址以及整体空间与风环境模拟结果进行评价分析，然后从中观尺度下的不同空间单元模式、建筑密度、街巷类型、坡度等空间类型以及微观尺度下的公共空间进行风环境模拟并评价，聚落在选址上能够适应自然环境，并通过空间布局去营造舒适的风环境。团状密集型聚落的建筑顺应地形呈层级分布在山坡上，能够有效改善夏季风自然通风，密集的建筑之间没有对风环境相互阻挡，在背风坡的建筑采用多天井合院式分布去改善其夏季通风问题。聚落不同组合的空间单元模式呈现出风环境的差异性，而农田与建筑镶嵌布局的空间模式舒适风区面积占比相对较大，农田与植物的布局能够改善村落内部空间的风环境状况。在村落规划中可采用村落构成要素的不同组合类型去优化其内部风环境；通过对建筑密度与风环境关联性分析，得出静风区面积比和舒适风区面积比数据与建筑密度呈正相关关系；在街巷营造中风环境状况并不随街巷宽度的增大而变好，街巷宽度 $W=2$ m 时，既能满足节约用地的要求，又能为居民提供一个舒适的风环境空间；通过控制聚落坡度的变量来模拟风环境，得出坡度在 $7°\sim 9°$ 区间风环境状况较好，同时验证了鄂西临水型聚落传统选址的策略。在公共空间以及建筑围合的空间可通过朝向以及开口宽度改善风环境舒适度，并归纳出公共空间风环境舒适的空间尺度，建筑组团中建筑选择西南—东北布局方式与合适的建筑间距能够营造较好的风环境。

（4）鄂西临水型聚落空间形态风环境优化策略与应用研究。

本文以彭家寨为实例进行风环境模拟研究，并通过对聚落不同尺度空间的风环境进行验证，得出该类型聚落符合鄂西临水型聚落空间的风环境适应规律，总结了鄂西土家族临水型聚落选址和空间布局的空间形态优化策略，归纳出不同尺度空间的自然适应机制以及不同空间尺度下的风环境适应规律，提出聚落风环境优化方法，并应用在临水型聚落的选址以及空间布局中，为聚落未来规划设计提供一定参考依据。

5.5.2　研究不足与展望

1. 研究不足

本文通过对鄂西临水型聚落不同空间尺度的空间形态进行深入挖掘，并对其进行风环境模拟，归纳出适用于鄂西临水型聚落空间形态优化策略以及风环境优化的规划应用研究。

本研究存在不足之处如下。

（1）鄂西地区的临水型聚落风环境现实状况较为复杂，本文从聚落物质空间形态的视角对其进行风环境研究，由于数值模拟软件与现实情况存在一定差异，导致不能完全根据聚落实际情况进行模拟。本文在进行模型构建时尽量缩小与聚落现状的差异。

（2）由于现实风环境的多变性与瞬时性，其他影响因素（如太阳辐射、温度等）都会影响村民在聚落空间中的舒适性，可能会存在局部空间体感舒适度的误差。本文没有采取实测的方式，仅通过数值模拟软件对临水型聚落进行风环境模拟分析，揭示出鄂西土家族临水型聚落空间风环境适应策略。

（3）从宏观、中观以及微观三种尺度对临水型聚落进行风环境模拟分析，但由于坡向、聚落与河流的距离以及水面的大小等因素对聚落风环境的影响，在本阶段较难完成，需要进一步深入研究。

2. 研究展望

本文就鄂西临水型聚落不同空间尺度的风环境模拟研究，归纳出鄂西土家族临水型聚落选址和空间布局的空间形态优化策略，归纳出不同尺度空间的自然适应机制以及不同空间尺度下的风环境适应规律。在未来的研究中，可以囊括更多风环境的影响因素，尽量还原聚落风环境的实况；构建一个适用鄂西土家族临水型聚落乃至范围更广的聚落空间形态优化研究的模型。基于风环境优化的聚落规划设计应用的路径，为乡村聚落空间舒适的风环境提供科学依据。

下卷　鄂西土家族传统聚落水环境空间研究

- 鄂西土家族传统聚落水环境空间基础理论与方法
- 鄂西土家族传统聚落水环境空间研究
- 实证研究：彭家寨水环境空间优化设计策略

6　鄂西土家族传统聚落水环境空间基础理论与方法

- 鄂西土家族传统聚落水环境空间研究概况
- 鄂西土家族传统聚落水环境空间研究目的与意义
- 鄂西土家族传统聚落水环境空间研究内容与方法
- 鄂西土家族传统聚落水环境研究创新点与应用价值

6

6.1　鄂西土家族传统聚落水环境空间研究概况

6.1.1　鄂西土家族传统聚落水环境存在的问题

　　水是生命之源，也是文化、艺术、文明的源泉，鄂西土家族传统聚落枕水而居的聚居观，以及围绕水所产生的物质空间与民俗文化，体现了水对于传统聚落的重要意义。鄂西土家族传统聚落水污染严重，水质恶化，水环境风貌受到破坏的现象频频发生，聚落发展受到严重阻力。城市的水环境治理在世界范围内有充足的经验和模式可供借鉴，在供水、排水、污水治理方面有明确的规划方法。而传统聚落所面临的水环境问题比较复杂，例如：人们可直接取用地下水或积蓄天然雨水作为用水来源；污水处理设施以及雨污管网体系并不完善，水环境治理工作仍处于初始阶段。因此，研究传统聚落存在的水环境问题，并探究优化设计方法，用来改善传统聚落生活环境，实现传统聚落生态可持续发展，是鄂西土家族传统聚落现阶段所面临的重大挑战。

6.1.2　鄂西土家族传统聚落水环境空间研究现状

　　水环境空间是一个新的概念。国内外围绕此概念内涵的相关研究已取得了一定的进展，以此作为水环境空间的理论基础支持。

1.山地型聚落相关研究

　　国内学者主要从社会、历史、地理角度研究聚落形成机制，并运用建筑类型学和空间形态学研究聚落民居建造与空间形态特征。张鹰研究了山地型传统聚落桂峰村的街巷空间，从图底关系、街巷界面类型、场地竖向及街巷空间尺度四个方面，以定性、定量方式分析街巷空间要素之间的相关性（张鹰，陈晓娟等，2015）。闫杰研究秦巴山地乡土聚落，建立了文化圈、聚落、乡土建筑三个层级（闫杰，2015）。贾鹏以陕南传统聚落为对象，探究聚落环境要素与气候环境的适应性，发掘传统气候智慧，表现在研究山体、林地、水体、建筑的搭配组合与获取最佳日照条件、自然通风、舒适温湿度和降低能源消耗的气候营造模式（贾鹏，2015）。宋祥研究了河湟地区山地庄廓聚落景观形态的基本特点，运用归纳总结、类比分析方法，探究聚落适应自然环境和人文社会的营建规律（宋祥，2016）。阮锦明围绕水空间的海南传统聚落公共空间的组织方式，揭示了公共空间的兴衰与水空间自身特性的内在联系（阮锦明，刘加平等，2018）。胡珊从民居建造体系的视角出发，研究广西壮族自治区柳州市境内不同类型的聚落空间，将当地的民居建造体系分为纯木干栏建造体系与混合建造体系，基于不同的建筑材料，对于建造体系的分析囊括了民居的结构体系、围合体系、屋面体系、局部作法四个层面。聚落形态的分析包括了聚落的肌理格局以及聚落内部的空间形态（胡珊，2018）。孔亚暐等以半湿润区山地型乡村为研究对象，通过分析乡村水系统的体系构成、功能特征和空间适应性机制，认为系统以重力自流为主的运行方式，在很大程度上决定了乡村"涉水"基础设施的布局方式，还深度影响着村落空间的构型；初步提出了该区域内整合水系统的乡村空间形态结构，并总结了系统对乡村空间形态的作用规律（孔亚暐，2018）。

近年来，国内学者尝试引入量化分析方法，以及系统学与几何学理论来研究聚落形态，扩展了研究视角和维度。李超以大理云龙县为研究对象，基于2014年大理市统计年鉴，选择ArcGIS10.2、Fragstats3.4平台软件，运用空间分析功能和景观格局分析等方法，从县域尺度和垂直梯度两个不同层次分析聚落在高原山地上的空间分布特征及聚落垂直梯度分布特征的差异；利用系统聚类分析方法，结合聚落垂直梯度景观格局分布特征与人文、经济社会等因素，将研究区乡村聚落按垂直梯度类型划分；利用ArcGIS10.2平台软件的空间叠加分析功能及缓冲区分析功能，分析了自然环境、生产环境对高原山地聚落垂直梯度分布特征的影响及人文、经济社会与聚落分布的相关性；最后，根据分析结果，对研究区内聚落垂直梯度分布提出了优化建议（李超，2016）。杜佳定性研究了喀斯特地貌地区传统聚落的地理条件、文化意识形态、生产方式、社会组织结构、防御特性，并量化分析喀斯特地貌地区传统聚落的分布、选址、边界形态、聚落空间结构特征（杜佳，2017）。王嘉睿运用分形理论中的计盒维数法，对山地传统聚落的平面空间形态进行分形维数的计算与分析，探究拓展传统聚落研究的新方法（王嘉睿，2017）。陈凯业将复杂适应性系统理论运用于聚落研究的适用性和转译方法，研究石塘镇沿海山地聚落形态特征，并对形态成因进行自下而上视角的局部性探索（陈凯业，2018）。

2. 乡村水景观规划与设计相关研究

由于乡村水景观尺度与维度的复杂性，国内学者不仅从景观设计视角出发，同时也引入景观生态学和规划学的理论基础和技术方法探究乡村水景观的整治策略。陈柏元通过现状调研和典型案例分析的方式，探讨农村水域景观环境生态规划的方法与技术，提出了营造新农村简约化的公共水域空间的思路（陈柏元，2010）。朱丽雪将SBE景观美景度评价法运用于水系景观规划中，指出水岸景观的主导评价因子为景观小品、驳岸类型、植物配置以及景观色彩丰富度（朱丽雪，2015）。李奕成等认为应确立乡村环境整治中水环境整治的核心地位，提出了基于耦合法的多学科共治、基于系统论的多层次体系构建、基于类型学的分类整治三大思路（李奕成，兰思仁等，2015）。张文瑞以景观生态学和反规划为理论基础，结合其设计方法对新农村水景观营造的影响因素、景观要素、营造的模式、营造的内容等进行了研究和总结（张文瑞，赵鸣，2018）。尹航等研究了鲁中低山丘陵地带泉水村落"水系"的环境特征和组成要素，从宏观结构和微观结构两个方面总结村落景观的潜在规律（尹航，赵鸣，2018）。陈勇越通过空间研究提取黄土高原区传统村落治水节水原理，运用宏观分类与典例分析的方法，总结区域内村落治水节水的空间模式，提取其中营造智慧为现代城镇水生态建设与保护提出建议（陈勇越，2018）。张晋总结门头沟山地乡村水适应性景观的范畴与特点，并以上苇甸村作为典型样本，系统总结该样本村落的水适应性景观构成要素、空间布局及其运行模式，以点及面，提出相应水适应性景观保护及改造策略（张晋，2019）。林静以ArcGIS技术划分汇水区域并以水环境及汇水量为参照，结合田野调查和图示语言概括各沟峪汇流及泉水分布情况,分析各沟峪内传统生态治水方式,总结该方式的雨水适应性及环境营建特征,探讨其背后蕴含的治水生态智慧(林静,2019)。曹胜华将乡村"水系统"构建为由"供给—收集—处理—传输"的"涉水"基础设施构成的系统体系,并在此基础上进行资源代谢分析与水系统空间规模的量化、水系统空间与乡村空间的结合方式、研究性设计三方面的工作(曹胜华,2019)。

6.2 鄂西土家族传统聚落水环境空间研究目的与意义

本研究的目的在于整合多学科研究视角,在充分尊重鄂西土家族传统聚落原生空间的基础上,探究适宜鄂西土家族传统聚落水环境空间的优化设计方法。

基于此,本研究的意义如下。

(1)为鄂西土家族传统聚落空间水环境的改造设计提供借鉴。

现今传统聚落的水环境改造与建设经验(包括水利工程设施改造与景观规划设计)来源于城市,这些经验并不适用于鄂西土家族传统聚落的乡土环境。本研究聚焦鄂西土家族传统聚落地域特征,分析水环境空间构成体系与现存问题,探究鄂西传统聚落水环境空间的作用机理,对彭家寨水环境空间进行优化设计实践,总结优化设计方法与策略,并将研究结果运用到鄂西土家族其他传统聚落上,为传统聚落水环境空间的保护与开发提供借鉴。

(2)为鄂西土家族传统聚落水环境空间的研究提供新的视角。

鄂西土家族传统聚落关于民俗文化、民居建构以及旅游发展的研究较为全面,而水环境的研究相对缺失,且其他地域传统聚落水环境相关研究多从空间形态类型、水利工程设施以及生态规划的单一视角切入,本研究从多学科的视角探究水环境空间的构成、特征与问题,为鄂西土家族传统聚落水环境空间研究提供一种全新视角。

6.3　鄂西土家族传统聚落水环境空间研究内容与方法

6.3.1　研究内容

1. 鄂西土家族传统聚落水环境空间系统构成与问题研究

本书将鄂西土家族传统聚落的水环境空间视作一个系统，由供水子系统、排雨子系统、排污子系统三部分构成。①供水子系统包括居民用水来源及民居建筑中厨房、现代水厕的供水空间布局；②排雨子系统包括排水沟渠设施及院坝、挡土墙、街巷、农田菜地、河流等空间要素；③排污子系统包括生活污水与粪便污水两种类型及其传输、处理途径。鄂西土家族传统聚落的水环境空间存在民居建筑排污空间布局变更、传统聚落排水空间形态混乱、污水处理设施缺失、雨污管网体系不完善四个层面的问题。

2. 鄂西土家族传统聚落水环境空间构成机理研究

本书从民居功能优化、批判地域主义、可持续发展三个视角，分别探究鄂西土家族传统聚落水环境空间的构成机理，包括民居建筑室内排污空间布局、传统聚落排水空间布局与形态、污水处理设施类型以及排水模式，并以此作为设计依据运用到水环境空间的改造设计中。

3. 选取典型鄂西土家族传统聚落彭家寨进行研究

对鄂西土家族传统聚落彭家寨水环境空间的构成与特征进行分析，并应用Rhino+Grasshopper软件工具的二次开发技术，进行雨污径流定量模拟实验，通过对雨水径流排放，以及厨房、水厕、室外水池点源污染径流排放的可视化分析，分类型总结场地存在的雨水排放和污染问题，在此基础上进行水环境空间的优化设计实践。

4.鄂西土家族传统聚落水环境空间优化设计方法总结

依据鄂西土家族传统聚落水环境空间构成机理和彭家寨水环境空间优化设计实践，总结鄂西土家族传统聚落水环境空间优化设计特点；遵循尊重地域特征、满足生态要求、实现资源循环利用的原则，归纳出传统聚落排水空间设计改造方法、民居建筑排污空间布局与污水处理方法，形成了水环境空间优化设计的指导方法和策略。

6.3.2　研究方法

（1）田野调查法。通过对鄂西土家族传统聚落水环境空间的实地调研，发掘聚落水环境空间构成要素、形态特征，以及居民生活用水行为习惯，并以走访的形式了解当地居民对于水环境空间改造的现实诉求。

（2）模型法。应用 Rhino+Grasshopper 软件工具的二次开发技术，对传统聚落彭家寨场地空间进行建模，还原场地空间，并搜集场地排雨量与排污量的数据信息，对雨污径流排放进行可视化模拟分析，深化聚落的现状研究，用以指导后期的设计过程。

6.4　鄂西土家族传统聚落水环境研究创新点与应用价值

研究的创新点在于应用 Rhino+Grasshopper 软件工具的二次开发技术，在模型中还原鄂西土家族传统聚落彭家寨场地空间的雨污径流排放过程。研究以构建"水环境空间"为目的，将鄂西土家族传统聚落与水相关的环境空间构建为一个系统，包括供水子系统、排雨子系统和排污子系统，串联传统聚落的室内外空间，使研究更为系统和完整。

水环境空间优化设计方法研究成果为鄂西土家族地区的传统聚落水环境空间专

项优化设计提供指导和借鉴，适用的空间范围为鄂西武陵山区的土家族传统聚落，包括历史文化名村、中国传统村落，以及保留传统特色、受现代主义影响程度较小的普通聚落。

本章参考文献

[1] 张鹰,陈晓娟,沈逸强.山地型聚落街巷空间相关性分析法研究——以尤溪桂峰村为例[J].建筑学报,2015（02）:90-96.

[2] 闫杰.秦巴山地乡土聚落及当代发展研究[D].西安:西安建筑科技大学,2015.

[3] 贾鹏.陕南山地聚落环境空间形态的气候适应性特点初探[D].西安:西安建筑科技大学,2015.

[4] 宋祥.青海河湟地区山地庄廓聚落景观形态研究[D].西安:西安建筑科技大学,2016.

[5] 阮锦明,刘加平.从"水空间"看海南传统聚落公共空间的组织方式[J].华中建筑,2018,36（02）:93-98.

[6] 胡珊.建造体系视角下的山地民居聚落空间研究——以广西柳州市为例[D].南京:南京大学,2018.

[7] 孔亚暐,宗烨.山地型村落及水系统的空间形态研究——以半湿润区典型村落为例[J].建筑与文化,2018（01）:71-72.

[8] 李超.高原山地聚落垂直梯度分布特征及影响因素研究——以大理云龙为例[D].昆明:云南大学,2016.

[9] 杜佳.贵州喀斯特山区民族传统乡村聚落形态研究[D].杭州:浙江大学,2017.

[10] 王嘉睿.基于分形理论的川渝山地聚落空间形态解析[D].重庆:重庆大学,2017.

[11] 陈凯业.CAS视角下的温岭石塘镇沿海山地聚落形态及成因探析[D].杭州:浙江大学,2018.

[12] 陈柏元 . 广州市番禺区大维村水域景观生态规划设计与技术研究 [D]. 广州：华南理工大学 ,2010.

[13] 朱丽雪 . 福建省山地型乡村水系景观规划研究 [D]. 福州：福建农林大学 ,2015.

[14] 李奕成 , 兰思仁 , 徐姗姗 , 等 . 风景园林视野下的乡村水环境整治构思 [J]. 三明学院学报 ,2015,32（04）:90-95.

[15] 张文瑞 . 甘肃地区新农村水景观规划研究——以庆阳北湖水景观规划设计为例 [D]. 西安：西安建筑科技大学 ,2018.

[16] 尹航 , 赵鸣 . 鲁中低山丘陵地带泉水村落 "水系统" 研究——以黄土高原区若干村落为例 [J]. 风景园林 ,2018,25（12）:105-109.

[17] 陈勇越 . 基于治水节水的传统村落空间模式研究 [D]. 长春：吉林建筑大学 ,2018.

[18] 张晋 . 门头沟山地乡村水适应性景观研究——以上苇甸村为例 [J]. 北方工业大学学报 ,2019,31（02）:37-42.

[19] 林静 . 岳滋村传统生态治水措施与智慧研究 [D]. 济南：山东建筑大学 ,2019.

[20] 曹胜华 . 水系统空间整合下鲁中山地乡村空间优化设计研究——以济南市朱家峪村为例 [D]. 济南：山东建筑大学 ,2019.

7 鄂西土家族传统聚落水环境空间研究

■ 鄂西土家族传统聚落水环境空间特征与问题
■ 鄂西土家族传统聚落水环境空间设计机理研究

7

7.1   鄂西土家族传统聚落水环境空间特征与问题

传统聚落与水资源存在着密切的关系，聚落的选址建造、繁衍生息以及民俗文化的形成都与水息息相关。传统聚落水环境空间指聚落与水相关的环境空间以及相关要素。本章将鄂西土家族传统聚落的水环境空间构建为一个系统，研究影响其形成的自然地理环境、社会经济环境因素以及水系统的构成与形态特征，主要分为三个层面：宏观层面上探究聚落水环境空间的生成机制；中观层面上解析聚落水环境空间，这个系统由供水子系统、排雨子系统、排污子系统三部分构成；微观层面上初步探究水设施形态与构造的特征。鄂西土家族传统聚落的水环境空间，包含了居民对水的生活依赖，同时凝结了居民关于水的乡土智慧。

7.1.1   鄂西土家族传统聚落水环境空间生成机制

鄂西土家族传统聚落位于武陵山区，山地型传统聚落的空间格局呈现出"山—房—田—水"的特征，这种空间格局是聚落水环境空间生成的基底。影响鄂西传统聚落空间格局形成的因素主要分为两点：①自然地理环境的影响。在古代，选址是营建聚落的第一步，也是最重要的一步，武陵山区山川河流纵布，为了最大化地利用自然地理条件，传统聚落"依山傍水"而建，其后，村民在适应农耕栖居的生产和生活方式的过程中，传统聚落演变为"八山半水一分半田"的空间格局。建筑建于山顶、山腰或者山谷。在地理空间上，建筑通常位于农田的上方，农田则与河流相邻，利于灌溉。②社会经济环境的影响。河道水运是古时鄂西地区经济便捷的交通运输和出行方式，为了方便农业商品的流通和销售，沿水路形成聚落和街市（图7-1），传统聚落因此逐步发展壮大。在梳理鄂西土家族传统聚落的名称时，常常出现含有"坝""坪""垭""湾"的地名，传达出传统聚落在选址和布局时与自然山水环境相适应的特点。"坪""坝"指山间平整的场地，"垭"是两山之间的狭窄地方，"湾"是水流弯曲的地方。鄂西土家族传统聚落的水环境空间在这种空

(a)   (b)

图 7-1　鄂西土家族传统聚落空间格局

（a）车蓼坝；（b）彭家寨

间格局中应运而生，并逐步衍化，成为承载当地居民生活、生产和文化的重要空间场所。

7.1.2　鄂西土家族传统聚落水系统构成与形态特征

鄂西土家族传统聚落中，现代水利工程介入很少，水环境空间呈现较为原始的面貌。梳理"水"在聚落空间的传输路径，从降雨和山林地下水涵养起始，经过蓄水池的收集，传输到每家每户供居民日常的使用，使用过的水化为污水，排至农田与河流，完成一个周期循环。聚落水环境空间为一个系统，由供水子系统、排雨子系统、排污子系统三部分构成（见图 7-2）。

1. 供水子系统构成与形态特征

传统聚落供水子系统主要由"聚落上游山林蓄水池—输水管—聚落住户用水空间"组成。根据居民在日常生活中对用水空间的习惯和需求，供水空间分为室内供水空间和室外供水空间。其中，室内的供水空间集中在厨房和现代水厕中，厨房内接水龙头和水池，可供一日三餐烧火做饭。现代厕所则为在传统民居建筑旁边空地上的加建建筑，可见传统民居建筑的卫生条件在不断提升（见图 7-3）。室外供水空间位于建筑正面的场院中，靠近厨房，或者位于侧面的台阶边沿，将水龙头、水

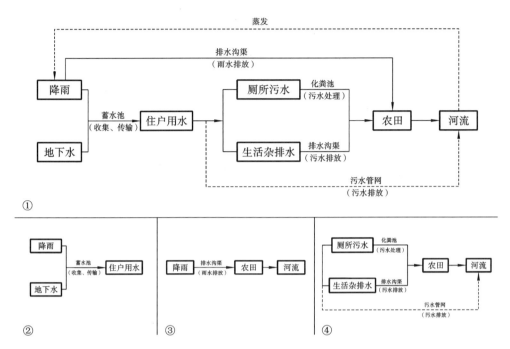

①

图 7-2　聚落水环境空间

①—水系统传输路径；②—供水子系统；③—排雨子系统；④—排污子系统

图 7-3　加建现代厕所

池与排水沟渠相连，方便居民洗菜做饭或清洗衣物（见图 7-4）。

2. 排雨子系统构成与形态特征

传统聚落排雨子系统是环绕建筑边缘和顺应道路走势布局的排水沟渠。它承接来自聚落的雨水，并组织和引导雨水的流向，将雨水汇入建筑下游的农田与河流中。

图 7-4 室外供水空间

排水沟渠为 20 ～ 100 cm 宽，5 ～ 30 cm 高，分为水泥沟、石砖沟和土沟，在聚落中最容易被辨认（见图 7-5）。

3. 排污子系统构成与形态特征

传统聚落排污子系统分为生活杂排水排污与粪便污水排污两种类型。生活杂排水包括居民在厨房烹饪、洗衣清洁和淋浴时产生的废水，室内供水空间产生的废水从连接室内外的管道流入排水沟渠，室外供水空间产生的废水通常被居民直接倾倒在排水沟渠中（见图 7-6）。粪便污水主要来自居民和牲畜的排泄物以及冲洗粪便产生的高浓度的污水。传统聚落各家各户基本都建有化粪池，与室内旱厕的坑位相邻，用于收集粪便污水，粪便污水经过污水处理装置转化为燃气、照明的能源，同时从室外的粪渣口取出残渣，用作肥料浇灌菜地和农田（见图 7-7）。

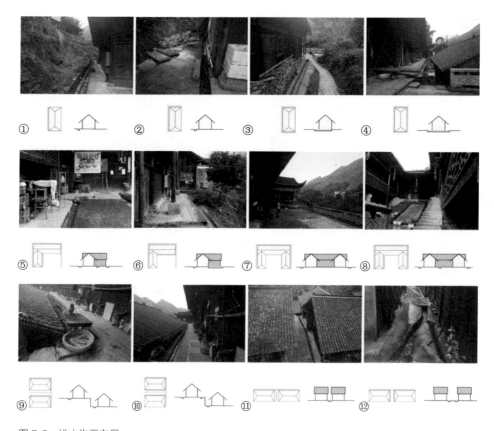

图 7-5 排水沟渠布局

①②③④⑤⑥⑦⑧—单栋建筑布局；⑨⑩—建筑高差组合布局；⑪⑫—建筑水平组合布局

图 7-6 排水沟渠排污

图 7-7　厕所排污设施

7.1.3　鄂西土家族传统聚落水环境空间问题

1. 民居建筑排污空间布局变更

在传统民居建筑中，居民通常将旱厕与牲畜栏圈合建为一间，集中收集粪便污水，经过化粪池厌氧反应转化为能源，最大限度地实现了污水资源的回收和循环利用。近年来，随着现代生活水平的提高，居民开始追求舒适、便捷的生活方式，这也意味着部分功能空间将从传统民居建筑的功能布局中分离出来。居民开始在传统民居建筑旁的空地上加建现代水厕来解决这一问题。现代水厕的出现改变了传统民居建筑的空间布局，为适应居民现代生活方式的改变，还需进一步探究传统民居建筑中现代水厕空间布局的合理方法（见图 7-8）。

2. 传统聚落排水空间形态混乱

在传统聚落中，排水沟渠是承接雨水和生活污水排放的关键设施。排水沟渠环绕在建筑的周围，便于承接建筑室内和室外的废水，并与建筑屋顶的滴水线对齐，利于收集来自屋顶的雨水。建筑正面的台地空间可防洪防潮。但建设者在传统聚落改造更新的过程中，往往只注重建筑自身的形态和构造，忽略排水空间形态布局的原理与章法，使新建的聚落排水空间变得混乱（见图 7-9）。

3. 传统聚落污水处理设施的缺失

在传统聚落中，生活杂排污水通常未经处理直接排入排水沟渠，在沟渠的引导

图 7-8　现代水厕空间布局

图 7-9　聚落排水空间

下汇集在有陡坎的地方和道路边沿，形成点源污染，不仅对居民的健康生活造成严重影响，也对传统聚落的风貌造成严重破坏。

　　传统旱厕与现代水厕产生的粪便污水，经过单户化粪池收集处理，转化为照明、燃气能源与农田肥料，或经过聚落的公共化粪池简单处理后排至水体，污染环境。在雨水时节，雨水携带生活杂排污水与农田肥料流向河流，构成严重的面源污染问题。传统聚落中缺失相应的雨污处理设施，未解决生活杂排污水、粪便污水和雨水污染问题（见图 7-10）。

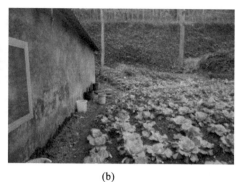

(a)　　　　　　　　　　　　　　(b)　　　　　　　　　　　　　　(c)

图 7-10　污水来源

（a）生活杂排水；　（b）公共化粪池；　（c）粪渣农肥

4.传统聚落雨污管网体系的不完善

近年来，为解决鄂西土家族传统聚落日益严重的水污染问题，相关水利工作人员规划实施铺设污水管网设施的工作方案，在传统聚落空间引入污水管网体系，污水管接进各家各户的排污空间，并根据传统聚落规模与排污量、聚落间距，分区分段设置污水处理厂，生活杂排污水与粪便污水经过污水管网传输，最终到达污水处理厂集中净化处理，达到净化标准的污水排入河流或进行资源化利用。当前，铺设污水管网的工作仅在部分聚落中开展和实施，尚处于初步阶段，一些弊端也开始显现出来，如部分污水管道在传统聚落空间中凌乱分布（见图 7-11），影响了传统聚落的景观风貌；部分污水收集与规划路线不合理，污水管道最终被闲置、弃用，浪费设施资源。传统聚落污水管网体系的规划与实施方法仍需要进一步明晰和完善。

图 7-11　凌乱的污水管道

7.2 鄂西土家族传统聚落水环境空间设计机理研究

基于上述对鄂西土家族传统聚落水环境空间问题的总结，本节从民居功能优化、批判地域主义、可持续发展的视角，探究传统民居建筑室内供水功能布局、室外排水空间形态、雨污处理设施类型与排水模式的机理，寻找聚落水环境空间的营构智慧和优化设计的逻辑。

7.2.1 民居功能优化视角下的排污空间布局研究

对于建筑而言，营造是从功能到形态，以形态组成类型的过程。丰富多样的鄂西土家族传统民居建筑类型，是其适应和满足居民不同年代对建筑功能多元化要求的结果。本节探究了鄂西土家族传统民居建筑室内功能布局的内在规律，使传统民居建筑在改造更新的过程中，不仅能够顺应时代发展，满足居民生活期待，同时也能传承建筑的精神内核。

1. 传统民居建筑室内功能布局

鄂西土家族的传统民居建筑主要为吊脚楼，是一种典型的半干栏式建筑，适应了鄂西地区的多山地形和湿润气候。吊脚楼建于山地间，在营构过程中，通过在山坡开挖两层高差的平地层级来解决高差问题。二层的主体建筑通风且防潮，是居民起居、餐饮的主要生活空间。从主体建筑的一端或两端悬空延伸出的部分一般为厢房，从底层台地用木柱架起，底层空间用作杂物仓储或圈养牲畜。传统民居建筑的开间、层数、起吊方式的不同，令建筑的形式丰富多样，包括"一"字形、"L"形、"U"形、"口"字形等传统民居建筑类型（见图7-12），集中展现了鄂西土家族的民族和地域特色。

鄂西土家族传统民居建筑的形态与结构多样，研究其功能布局与空间结构，可以提炼出传统民居建筑的"原型"，其中，"一"字形为传统民居建筑的基本类型；"L"形与"U"形在"一"字形的基础上，选择一端或两端架起吊脚；"口"字形在"U"

图 7-12　鄂西土家族民居建筑
（a）"一"字形；（b）"L"形；（c）"U"形；（d）"口"字形
注：（a）、（b）、（c）为两河口村彭家寨民居建筑；（d）为盛家坝乡胡家大院。

形的基础上，用墙连接两端吊脚的屋顶，形成了四合院落，墙的中间即为建筑的正大门。

　　本节选取传统聚落中最常见的"一"字形、"L"形与"U"形传统民居建筑，探究建筑室内功能布局的内在规律。

　　"一"字形传统民居建筑也称座子屋，是传统民居建筑的核心功能布局。"一"字形传统民居建筑通常有三开间、五开间、七开间不等，会根据地势建于平地或将开间的一头建为吊脚楼，俗称"一字吊"。传统民居建筑的中心为堂屋，左右两边分别为火塘与卧室，是早期"一"字形传统民居建筑的主体，早期的火塘兼具厨房的功能，后来将厨房功能分化出来，与牲畜栏圈等加建在主体建筑两边。

　　"L"形传统民居建筑也称"钥匙头",是由"一"字形传统民居建筑功能布局形式发展而来的。这种建筑类型是以"一"字形的座子屋为主体结构,根据不同的地势在建筑末端向前加建一至两间楼下架空的厢房,形成吊脚楼,底部悬空空间可作为储藏间、牲畜栏圈、厕所使用。这种形式被称为"一正一厢"。

　　"U"形传统民居建筑也称"簸箕口",也是由"一"字形传统民居建筑空间布局形式变化而来,这种空间布局形式是以堂屋为中心的座子屋为基础,左右两边都往前加建几间吊脚形式的厢房,厢房根据地势可以直接落地,也可以建为吊脚楼。吊脚楼底部悬空的空间同"L"形传统民居建筑一样,可作为储藏间、牲畜栏圈、厕所使用。这种形式也被称为"一正两厢"。

　　传统民居建筑空间功能布局如图 7-13 所示。

　　通过实地调研发现,村民通常在传统民居建筑中的储物间堆放柴火、食材、农耕器具等杂物。近年来,民居有将储物间更换为现代水厕的趋势。究其原因,储物间通常与厨房相连,现代水厕功能的植入,能够有效利用传统民居建筑室内的闲置空间,既满足居民提升卫生条件的需求,也将室内供水、排污空间趋于集中,方便排水设施的组织(见图 7-14)。

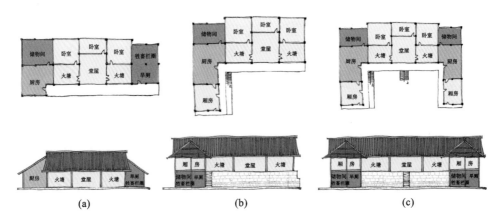

图 7-13　传统民居建筑空间功能布局

（a）"一"字形；（b）"L"形；（c）"U"形

图 7-14 室内现代水厕功能布局

2. 传统民居建筑院落空间形态

在研究中，笔者尝试研究建筑室外的院落空间。传统民居建筑与周围道路、自然环境之间预留了一部分附属空间，将其界定为院落空间。院落空间是村民休闲纳凉、晾衣晒谷的活动场所，其场所功能还具有开放性。村民的生活在不断发生变化，这意味着传统民居建筑的功能空间承载了村民更多的生活需求。为了解决这些问题，村民通常在建筑的室外重新选址，加建现代水厕、厨房，或者扩建牲畜栏圈。根据调查发现，这些活动通常在自家建筑的院落空间中进行，传统民居建筑的功能布局和空间形态随之更新和演替。本节探究了传统民居建筑的院落空间形态特征，为建筑功能更新找到另一种依据。

将传统民居建筑院落中功能不明确的空间界定为开放空间。"一"字形传统民居建筑的院落空间具有最大限度的开放性，可以延伸至建筑的四面。"L"形传统民居建筑由于一段有吊脚楼结构，院落空间呈现出半围合的状态，其开放空间位于房前和未建吊脚的一侧，通常为两面。"U"形传统民居建筑由于两端都有吊脚楼结构，院落空间受限，其开放空间仅位于建筑正面的场地中，通常为一面（见图 7-15）。

在传统民居建筑的院落空间加建附属建筑，需要同时满足以下几个要求：①原建筑周围存在未被利用、可供选址的开放空间；②不能阻碍建筑的通行流线；③不能破坏传统民居建筑的风貌。笔者综合考量以上要求之后，归纳出在"一"字形、"L"形和"U"形传统民居建筑周围加建附属建筑的几种空间布局形式[1]（见图 7-16）。

---

1 因院落中是否存在场坝不影响空间布局形式，故略去有场坝的情况。

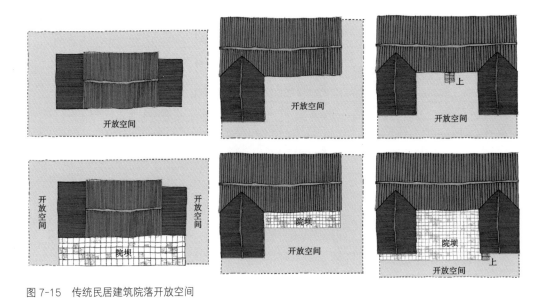

图 7-15　传统民居建筑院落开放空间

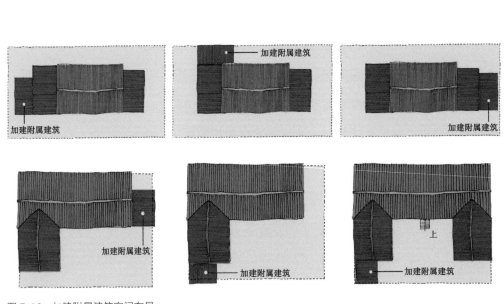

图 7-16　加建附属建筑空间布局

7.2.2　基于批判地域主义的排水空间布局研究

　　鄂西土家族传统聚落的沟渠承接了雨水和居民的生活废水，是传统聚落最主要的排水设施，其环绕建筑布局，顺应道路、地形地势组织的特征，隐含着一定的空间秩序。在传统聚落的改造更新中，建设施工者往往关注民居建筑结构和造型，而忽略了建筑周围的排水空间，使建筑在使用中逐渐显示出对水环境的不适应。本节将研究传统聚落排水空间布局的特征与机理。

1. 传统聚落排水空间平面布局

（1）环绕建筑周围的排水空间平面布局。

环绕建筑布局的沟渠，其位置与屋顶边沿的滴水线相齐，恰好可以承接从屋顶落下的雨水，避免雨水侵入建筑。研究发现，建筑正面没有场坝时，沟渠通常环绕建筑的四周布局，接受来自建筑屋顶四面落下的雨水；而在建筑正面有场坝的情况下，正面屋顶落下的雨水散排到场坝平地上，利于雨水的挥发，一般不另外设置沟渠（见图7-17）。

（2）顺应道路组织的排水空间平面布局。

鄂西土家族传统聚落的交通体系主要由道路与石阶组成。道路通常顺应聚落等高线水平走势或者与等高线垂直分布，便于村民行走且满足通行需求。村民在道路两边挖出小沟槽，组织聚落水流的走向；当聚落山地的坡度较陡时，则用石阶解决高差问题，石阶两边伴有沟槽，或者在石阶下方挖设暗槽，引导水流从聚落上方汇集到聚落下方（见图7-18）。

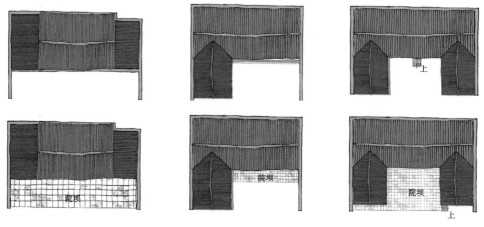

图7-17 环绕建筑周围的排水沟渠平面布局

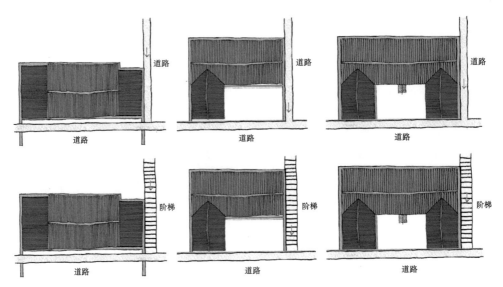

图 7-18　顺应道路组织的排水沟渠平面布局

2.传统聚落排水空间剖面布局

传统聚落的排水沟渠的空间布局与形态构造，是适应聚落排水的结果。它传达出一种乡土智慧，笔者将其总结为以下几点。

（1）排水沟渠包含水泥沟、石砖沟、土槽三种类型。

（2）民居建筑不同立面，民居建筑是否有无院坝，民居建筑与道路的组合方式等因素影响排水沟渠的空间布局。

（3）民居建筑周围的排水沟渠位置与建筑屋檐滴水线相齐。

（4）由于民居建筑外沿与道路边沿给排水沟渠预留空间尺度的差别，沟渠宽 20 ～ 100 cm，高 15 ～ 30 cm 不等（见图 7-19）。

7.2.3　基于可持续发展的污水处理设施与排水模式类型研究

鄂西土家族传统聚落污水处理设施和排水模式的选择，需要综合考量场地适宜性，生态可持续性以及成本价格制约方面的因素，系统解决雨水与污水问题。

图 7-19　排水沟渠剖面布局

1. 水利工程视角下的污水处理设施类型与运用模式

传统聚落的污水处理设施类型如表 7-1 所示。

表 7-1   污水处理设施类型统计表

处理设施		图片	净化原理	适用范围
初级处理设施	化粪池		利用沉淀和厌氧微生物发酵的原理,对粪便污水和生活污水进行净化处理	适用于厕所污水的初级处理
	厌氧生物膜池		通过在厌氧池内填充生物填料来达到处理污水的目的	适用于生活污水的初级处理,通常位于化粪池之后,也可与化粪池合建
生物处理设施	生物接触氧化池		通过填料上附着生长的生物膜去除污水中的污染物	适用于污水分户处理和生活污水集中处理
	生物滤池		污水经过"过滤—厌氧反应—好氧反应—沉淀"一系列流程达到净化效果	适用于布局分散、规模较小、地形复杂、污水不易集中收集的聚落污水的处理
	氧化沟		是普通曝气池法的一种改进,提高了处理污水的效率	工艺较为复杂,成本较高,适用于规模较大的聚落
	活性污泥法		污水和微生物群体在人工充氧条件下混合培养形成活性污泥,利用活性污泥的生物凝聚、吸附和氧化作用净化污水	适用于对出水水质要求较高,用地紧张,经济条件较好的聚落
自然生物处理	人工湿地		是人工控制的沼泽地,由水生植物、土壤基质及微生物净化污水。污水进入人工湿地前,宜先采用生物处理降低污染物浓度	适用于可利用空地较多,气候条件适宜的聚落

续表

处理设施		图片	净化原理	适用范围
自然生物处理	土地渗滤		将污水排放到土地上，通过土壤基质、微生物及植物根系对污水进行净化处理	适用于土地资源较丰富，且地下水利用程度低的聚落
	稳定塘		是经过人工修整并设有围堤和防渗层的池塘，利用水体生物系统净化污水。污水进入稳定塘前，宜先采用生物处理降低污染物浓度	适用于有水体且有活水来源的聚落
	生物浮岛		将水生植物和改良驯化的陆生植物移栽到水面浮岛上生长，通过植物根系吸收水体污染物	适用于有水体的聚落

污水处理一般遵循先简后繁、先易后难的原则。①污水中呈悬浮状态的固体污染物质（SS）可采用物理方法去除。②污水中悬浮的固体、胶体物质及溶解性物质（以 BOD 和 COD 物质为主）可使用生物、化学或生态方法依次去除悬浮。

可将传统聚落生活污水处理流程分为三个阶段：①第一阶段（又称预处理、简单处理），运用沉淀、拦截、过滤等物理方法去除污水中呈悬浮状态的固体污染物质，同时可以去除污水中 30% 左右的 BOD，但对其他污染物质去除效果不明显。出水还必须进行后续阶段处理。通常将三格式化粪池作为第一阶段的处理单元。②第二阶段，大幅度去除污水中呈胶体和溶解状态的有机性污染物质，出水基本能达到《污水综合排放标准》（GB 8978—1996）的一级或二级标准。通常接触氧化、生物滤池、氧化沟等生物处理方法可作为第二阶段的处理单元。③第三阶段，进一步去除第二阶段未能有效去除的污染物质，其中包括微生物未能降解的有机物和导致水体富营养化的可溶性无机物（氮、磷）等。生物脱氮除磷、化学除磷、砂滤、活性炭吸附等常常为第三阶段所使用的方法，人工湿地、氧化塘等生态处理方法也可以用于第三阶段，起到强化去除氮磷的作用。

每种单一的污水处理设施各有优缺点，如化粪池对悬浮物、氨氮和磷的去除效果较差，人工湿地必须先去除进水中的大颗粒杂质，避免湿地滤池的堵塞。污水的处理应考虑多种处理设施的综合运用，达到取长补短、提高效率的目的。常用的组合模式包括"厌氧滤池＋氧化塘＋植物生态渠""厌氧池＋（接触氧化）＋人工湿地""厌氧池＋跌水充氧接触氧化＋人工湿地""地埋式微动力氧化沟"。

2. 水文景观视角下的生态雨水管理措施类型

生态雨水管理措施通常发挥存蓄、滞留、净化、利用、排放雨污的作用，在某种程度上是对污水处理设施的补充，兼具提升传统聚落景观风貌的作用（见图7-20）。设计过程常用的生态雨水管理措施及处理效果如图7-21所示。

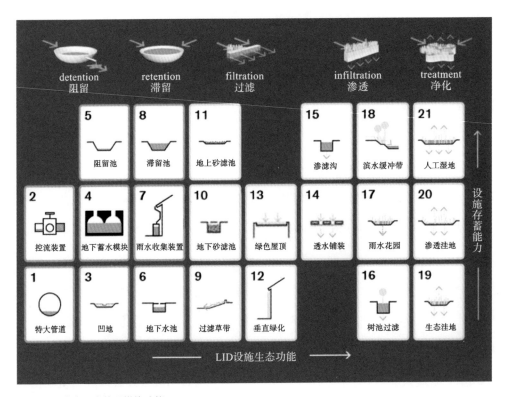

图7-20　生态雨水管理措施功能

（来源：*LID: Manual For Urban Area Design*）

单项设施	功能					控制目标			处置方式		经济性		污染物去除率(以SS计,%)	景观效果
	集蓄利用雨水	补充地下水	削减峰值流量	净化雨水	转输	径流总量	径流峰值	径流污染	分散	相对集中	建造费用	维护费用		
透水砖铺装										—	低	低	80—90	—
透水水泥混凝土										—	高	中	80—90	—
透水沥青混凝土										—	高	中	80—90	—
绿色屋顶										—	高	中	70—80	好
下沉式绿地											低	低	—	一般
简易型生物滞留设施											低	低	—	好
复杂型生物滞留设施											中	低	70—95	好
渗透塘										—	中	中	70—80	一般
渗井											低	低	—	—
湿塘											高	中	50—80	好
雨水湿地											高	中	50—80	好
蓄水池											高	中	80—90	—
雨水罐											低	低	80—90	—
调节塘											高	中	—	一般
调节池											高	中	—	—
转输型植草沟										—	低	低	35—90	一般
干式植草沟										—	低	低	35—90	好
湿式植草沟											中	低	—	好
渗管/渠											低	中	35—70	—
植被缓冲带											低	低	50—75	一般
初期雨水弃流设施											低	中	40—60	一般
人工土壤渗滤											高	中	75—95	好

注: ——强　　◎——较强　　●——弱或很小

图7-21　生态雨水管理设施及处理效果

（来源:《海绵城市建设技术指南——低影响开发雨水系统构建（试行）》）

在鄂西土家族传统聚落环境空间中，需要解决的雨水问题主要包括：引导雨水排放，净化雨水污染，同时考虑对雨水的存蓄和利用。基于以上要求，可建造维护费用不高的雨水花园、生态植草沟，另外根据场地条件和需求选用蓄水池、生态湿地等。

（1）雨水花园。

雨水花园是自然形成或人工挖掘的浅凹绿地，用于汇聚雨水，并去除来自屋顶、地面的初期雨水污染，延缓暴雨峰现时间和消减雨水径流，具有阻流、滞留、过滤、渗透、净化的功能。雨水花园设施构造包括植物层、蓄水层、覆盖层、种植土层、砾石层。雨水经过植物、沙土的综合作用得到净化，并渗入土壤，涵养地下水，溢流的雨水可接入沟渠或雨污管网中[2]（见图7-22）。

（2）生态植草沟。

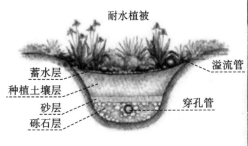

图 7-22　雨水花园构造与景观效果

　　生态植草沟又叫植被浅沟或者生物沟，具有消减雨水径流和净化雨水污染的作用。生态植草沟设施构造包括植物层、蓄水层、种植土与填料层、砾石层，雨水径流被植草拦截，逐步缓慢下渗，实现降雨径流的全部吸收和净化，达到消减降雨径流，延缓洪峰，并净化雨污的目的（见图 7-23）。

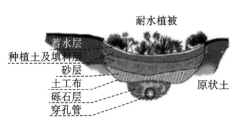

图 7-23　生态植草沟构造与景观效果

　　（3）雨水收集与利用措施。

　　雨水的收集与利用措施通常包括雨水收集装置与管网，屋面雨水集蓄系统，雨水截污、渗透与净化系统等。雨水经过传输、净化和存蓄的处理，转化为生活中冲洗厕所、浇灌农田菜地的用水来源。雨水的收集与利用是传统聚落雨水资源可持续利用的重要措施之一（见图 7-24）。

　　3. 传统聚落排水模式类型

　　根据雨污是否在同一排水设施中排放，排水模式可分为雨污合流和雨污分流。

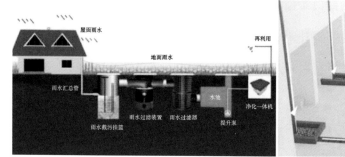

图 7-24　雨水收集与利用设施构造与景观效果

鄂西土家族传统聚落的排水模式主要有以下几种类型。

（1）雨污合流明沟。

鄂西土家族传统聚落的雨污合流明沟通常沿民居建筑周围与街巷道路边缘布局。排水明沟承接来自建筑屋顶和山坡的雨水，厨余、淋浴、洗漱等生活杂排水经出户管排入其中。雨污合流明沟由于构造简单、经济费用低、无需后期维护，广泛运用于传统聚落中。但雨污合流明沟存在以下缺点：晴天时污渍留滞排水明沟中，明沟附近极其脏乱，且伴有恶臭，严重影响聚落卫生条件，并破坏聚落景观风貌；雨天时雨水携带污水冲刷到下游菜地、农田和河流，给下游环境空间带来污染。

（2）雨污合流暗沟。

鄂西土家族传统聚落的雨污合流暗沟通常是在明沟的基础上，铺设盖板进行暗化所形成，来自建筑屋顶和山坡的雨水通过盖板的缝隙流入，聚落厨余、淋浴、洗漱等生活杂排水通过出户管排入其中。雨污合流暗沟的排水模式是在排水明沟基础上的有效优化。雨污合流暗沟可以有效防止居民随意倾倒污水的行为，并且阻挡了污水的视觉效果，在一定程度上提升了聚落的卫生环境，并优化了聚落景观风貌。

（3）雨水沟 + 污水管。

污水管 + 雨水沟的排水模式是：在保留鄂西土家族传统聚落排水沟渠的基础上，敷设污水管网体系，来自建筑屋顶和山坡的雨水仍旧排入沟渠中，聚落厨余、淋浴、洗漱、排泄的污水通过出户管排入污水管网，并传输到下游的污水集中处理系统。

雨水沟＋污水管的排水模式可以实现对聚落污水的收集，通过污水管网与处理装置系统解决污水净化问题，显著提升聚落的卫生条件。在实际应用时，应考量场地地形对建造工程的限制以及经济费用两方面因素。

（4）雨水管＋污水管。

雨水管＋污水管的排水方式是在传统聚落空间分别敷设雨水管网和污水管网系统，单独收集雨水和污水，实现雨污排放的完全分流。该模式可以实现对聚落雨水和污水的全部收集，但由于建造工程量大，成本高，较少用于鄂西土家族传统聚落排水体系的规划。

本章参考文献

[1] US EPA. Low Impact Development（LID）: A Literature Review[R]. United States Environmental Protection Agency, 2000.

[2] Browne F X. Using Low Impact Development Methods to Maintain Natural Site Hydrology[C]// World Water & Environmental Resources Congress, 2003: 1-9.

8 实证研究：彭家寨水环境 空间优化设计策略

8

8.1　彭家寨传统聚落水环境空间模拟及优化设计实践

8.1.1　彭家寨场地概况

地处鄂西的彭家寨位于武陵山余脉北麓，是典型的土家族传统聚落。村寨环境封闭静谧，很少受到外界的干扰，在现代化乡村改造的冲击下，依然保持了完整的历史和地域风貌（见图 8-1），被誉为湖北省吊脚楼群的"土家族生活的活化石"，故笔者选取彭家寨作为设优化计的对象。

1. 场地基址

彭家寨位于湖北省宣恩县沙道沟镇两河口村，东经 109°40′，北纬 29°42′（见图 8-2）。彭家寨所处的两河口村，由一条老街和沿龙潭河的 8 个村寨组成，

图 8-1　彭家寨全景

图 8-2   彭家寨区位

占地面积 861.92 hm²。彭家寨是两河口村保存最完整的土家族村寨，村寨前临龙潭河，背靠观音山，村寨占地面积为 3.5 hm²，历史建筑面积约 12000 m²，全寨 48 户 250 余人。

笔者以彭家寨文化保护核心区范围内的 22 栋建筑，27 户人家为研究对象，展开场地的设计研究。场地设计范围与建筑编号如图 8-3 所示。

2. 环境特征

（1）观音山。

彭家寨地处的鄂西武陵山区，以喀斯特地貌为主。彭家寨背靠观音山脚，位于"观音座莲"旁，聚落选址考虑了自然条件（见图 8-4）。观音山山坡陡峻，吊脚楼民居建筑在适应地势的基础上改造了地形。吊脚楼呈层级排列，布星均衡，聚落的采光未受到影响，也避免了每家每户的视线受到遮挡。远看彭家寨，村寨镶嵌在郁郁葱葱的山林间，风貌俊秀。

（2）龙潭河。

龙潭河（原名细沙溪）是酉水河的源头之一。它发源于沙道燕子岩，全长 40 km（见图 8-5）。龙潭河串联起了沿岸的各个村寨，是沿河村寨农业灌溉与

图 8-3 场地设计范围与建筑编号

图 8-4 彭家寨背后的观音山

图 8-5　枯水季与丰水季的龙潭河

生活用水的源泉。龙潭河曾是重要的水运路线，如今，摆渡和船运的交通形式已不复存在。

（3）风雨桥。

风雨桥在土家族寓意着吉祥和幸福，希望能保护村寨的人畜平安。彭家寨的风雨桥位于聚落西面观音山脚的小溪（现为防洪泄洪沟）上，于1859年建造（图8-6）。桥体为穿斗式结构，长10.1 m，宽4.5 m，高3.6 m，桥底用原木铺平以供踩踏，桥柱边建有长凳供人休憩，墙上盖有屋顶遮蔽风雨。风雨桥不仅是通行设施，也是村寨重要的娱乐活动场所，村民们纳凉聊天、下棋打牌均聚于此。

（4）铁索桥。

彭家寨的铁索桥（图8-7）横跨龙潭河两岸，桥长45 m，宽5 m，是村寨的主入口。从对岸的乡道下来，走过铁索桥，便进入彭家寨腹地。由于龙潭河的跨度较大，且丰水季河水湍急，而铁索桥建造技术简单，造型优美，形式质朴，成为村民的优先选择。调研发现，龙潭河流域每隔一段就建有铁索桥，满足着村民的出行需求，是河上一道独特的风景。

3. 场地要素分析

（1）地形分析。

图 8-6　风雨桥

图 8-7 铁索桥

　　运用 ArcGIS 空间分析工具对彭家寨地形的高程、坡度、坡向进行分析，如图 8-8 所示。

　　从高程分析图可以看出，彭家寨"山—房—田—水"空间要素的高程分布特点。①龙潭河高程水位线为 586 ～ 590 m；②农田与菜地高程为 590 ～ 598 m；③民居建筑集中在 598 ～ 610 m 的高程范围内，建筑沿山地地势分 4 个层级呈带状排列；④自然山林的高程为 610 ～ 2760 m。

　　从坡度分析图可以看出，彭家寨的农田、菜地选择地势平坦与河流相邻的位置，坡度为 0 ～ 14°；民居建筑位于山脚，坡度为 0 ～ 30°；自然山林的坡度为

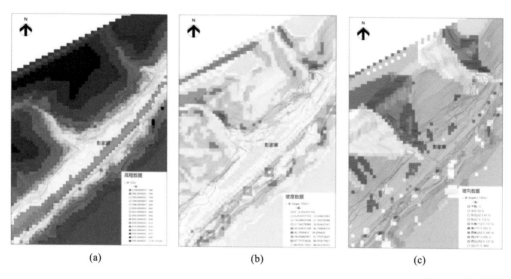

(a)　　　　　　　　　　　(b)　　　　　　　　　　　(c)

图 8-8　地形分析

（a）高程；（b）坡度；（c）坡向

14°～54°。

从坡向分析图可以看出，彭家寨民居建筑选址在山地的南面、东南面。

（2）建筑分析。

①建设年代。彭家寨传统民居建筑的建设大致经历了四个阶段。a.20世纪之前，彭家寨的三座吊脚楼老宅象征着村寨民居建筑的历史起源。b.20世纪50—60年代，村寨迎来了吊脚楼的建造高峰，奠定了聚落吊脚楼布局形态的格局。c.20世纪80年代，村寨中的吊脚楼进一步扩建、重建。d.21世纪初，彭家寨的住户基本已经成型，自2008年以后，村民开始在吊脚楼周围加建披屋，扩展了吊脚楼的附属功能。

②建筑类型。彭家寨传统民居建筑群落涵盖"一"字形、"L"形、"U"形三种类型。其中，以"一"字形、"L"形传统民居建筑为主，"U"形传统民居建筑较少。从上述建筑年代的分布发现，21号"L"形建筑是在原本"一"字形传统民居建筑西面加建吊脚形成，5号、16号原本为"L"形建筑，后来在传统民居建筑另一侧搭建吊脚楼，转化为"U"形建筑，印证了"一"字形是民居建筑的基本

原型。

③建筑功能。彭家寨建筑群体主要为传统民居建筑，彭家寨在保留村民原本生活的基础上，发展旅游观光业态。在旅游旺季，居民可自主选择是否在自家为游客提供民宿和餐饮服务。21号、22号建筑作为景区管理所。调研发现，在靠近西面泄洪沟的位置建有公共厕所等服务设施，为居民和游客提供便利。

④建筑室内功能布局。彭家寨民居建筑室内核心功能空间包含堂屋、火塘、卧室、厨房、杂物间、厕所等。从建筑室内功能布局分布图可以看出堂屋、火塘与厨房的位置通常相邻，排布在建筑的正前面。主卧则位于建筑背面，厢房位于侧面的吊脚楼之上。杂物间的位置较为零散，一般为室内闲置的房间。厕所通常位于吊脚楼一层位置或披屋。同时，景区管理建筑21号、22号中植入了办公功能空间（见图8-9）。

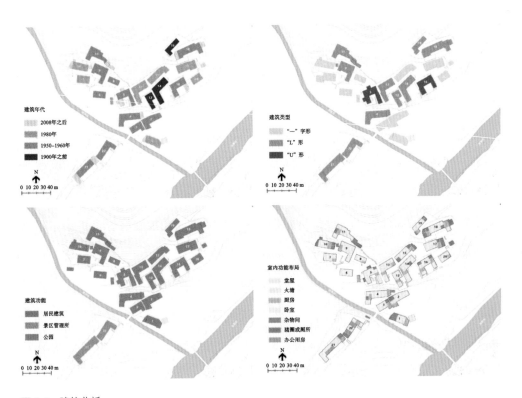

图8-9　建筑分析

（3）道路分析。

彭家寨的道路体系包括道路、石阶、桥梁和院坝。在山地水平方向与缓坡处，以道路连通，山地陡坡与民居建筑二层的道路则需要修建石阶来解决高差问题。在龙潭河与泄洪沟之上，则分别架上铁索桥和风雨桥来连接两岸。村寨的院坝是具有复合功能特性的空间，它不仅是村民日常休憩、劳作的场所，也连通了村寨的交通体系，可发挥通行的作用（见图 8-10）。

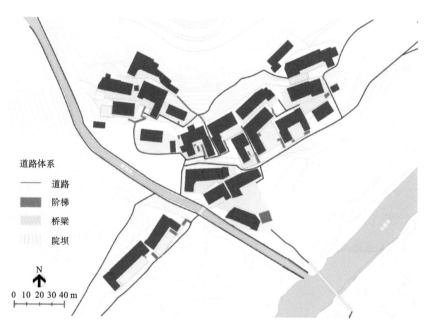

道路体系
——　道路
▨　阶梯
▧　桥梁
▥　院坝

N
0 10 20 30 40 m

图 8-10　道路体系

（4）植物分析。

彭家寨的植物类型为粮食经济作物，所需土地面积较大。居民在龙潭河河道旁开垦农田，种植水稻、白柚、柑橘、玉米；菜地空间相对狭小和零散，位于民居建筑的房前屋后，居民见缝插针地种植土豆、豆角、辣椒等蔬菜，满足日常生活膳食所需。彭家寨为民俗旅游提供了土家特色的菜品和水果。另外，彭家寨的山林分布竹林、柏树等陆生植物，河道的消落带分布菖蒲等水生植物（见图 8-11）。

图 8-11   植物分析

8.1.2   彭家寨水环境空间现状分析

1. 水环境空间要素与属性

彭家寨的水环境空间中，厨房与现代水厕既是室内供水空间也是排污空间，室外的排水沟渠不仅是排放雨水的排水空间，也是排放生活污水的排污空间。猪圈、旱厕和排污管道是村寨主要产生与排放粪便污水的空间，化粪池是村寨唯一的污水处理设施。从上述研究发现，某些水环境空间要素的功能具有多重属性的特征，将村寨的水环境空间要素与属性进行整理归纳，如表 8-1 所示。

表 8-1 彭家寨水环境空间要素与属性统计表

水环境空间要素		图片	属性
室内	厨房		供水空间，排污空间
	现代水厕		供水空间，排污空间
	旱厕，猪圈		排污空间
室外	室外水池		供水空间，排污空间，排水空间
	排水沟渠		排水空间，排污空间
	院坝		排水空间
	污水管道		排污设施
	化粪池		污水处理设施

2. 供水空间现状

彭家寨供水来源早期为山林间的地下水，村民挖掘水井或蓄水池存蓄生活用水，2014 年之后沙道沟集镇全面实施了自来水供水。彭家寨传统民居建筑的供水空间包括室内厨房、现代水厕，和室外水池，其空间布局如图 8-12 所示。厨房和室外水池由来已久，厨房是民居建筑必需的供水空间，居民的生活膳食在其中发生，室外水池位于院坝中，通常与厨房相邻，是村民洗菜、洗衣、洗头等生活行为发生的场所，空间使用更加便利和灵活。现代水厕是近年来在更新改造的进程下新增的供水空间。早期彭家寨传统民居建筑的厕所为旱厕，旱厕通常与猪圈建在一起，究其原因，是为了方便统一收集居民和牲畜的粪便，经过化粪池转化为居民生活所用的主要能源——沼气，同时粪尿也是唯一的农业肥料。旱厕与猪圈合并的缺点是环境脏乱，气味难闻，并且容易滋生病菌和蛆虫。随着电气能源和化学肥料的普及，粪便不再作为传统聚落主要的能源来源，加之养猪的住户慢慢变少，化粪池逐渐被弃

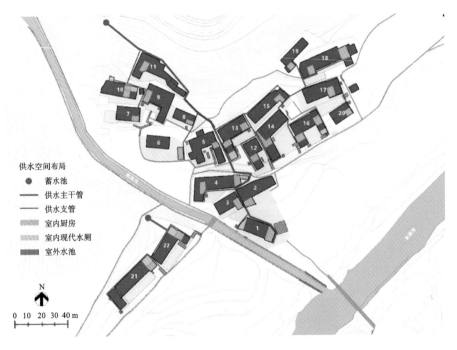

图 8-12　供水空间布局

用，厕所失去了与猪圈建在一起的必要。如今，彭家寨的厕所由传统旱厕向现代水厕转变，功能上增加了淋浴、洗衣功能，成为供水空间。

3. 排雨空间现状

彭家寨的雨水排放在空间上表现为雨水降落在聚落空间，包括建筑屋顶、院坝和道路上，一部分直接蒸发，另一部分汇集到排水沟渠中。排雨空间与排雨路线如图 8-13 所示。彭家寨传统聚落的排水明沟中有污水排放时，明沟和周围的场地都显得脏乱污秽，并且伴有难闻的气味，严重影响居民生活卫生条件和聚落景观风貌，而排水暗沟和周围的场地则更为开敞整洁（见图 8-14）。

4. 排污空间现状

彭家寨的排污空间包括生活污水排污空间与粪便污水排污空间两个部分。其中，村寨生活杂排污水来自供水空间——室内厨房、现代水厕和室外水池用水后产生的

图 8-13　排雨空间布局

图 8-14　排水沟渠场地环境（上：明沟 下：暗渠）

废水，直接排到排水沟渠中，与雨水在排水沟渠中的传输路径相同，空间布局如图
8-15 所示。村寨粪便污水来自现代村民和牲畜的排泄物，在早期时候，村民圈养
牲畜，产生的粪便原料相对充足，旱厕和猪圈的粪便排进化粪池，经过厌氧反应转
化为清洁能源沼气，产生的废渣则用作农田的肥料，近年来，村寨的排污空间发生
了如下变化。一是养殖牲畜的家庭逐渐变少，粪便原料不足，部分村民逐渐弃用化
粪池；二是部分家庭现代水厕的布局更新，村民开始自行连接污水管线，排至就近
的化粪池；三是龙潭河下游岸边，距离彭家寨 600 m 处建有污水处理站，彭家寨
现存的污水管道连接到污水处理站，因污水管道维护不佳，靠近龙潭河位置的管道
破损，雨天污水溢满，直接流入河道中，且龙潭河沿岸各村寨的污水管网系统还未
建设完成，污水处理站发挥集中处理污水的效用不高。彭家寨粪便污水的排污空间
布局现状如图 8-16 所示。

生活废水排污空间布局

▨ 室内厨房
▨ 室内现代水厕
▨ 室外水池
—— 排水边沟
---▶ 排污方向

N
0 10 20 30 40 m

图 8-15　生活杂排污水排污空间布局

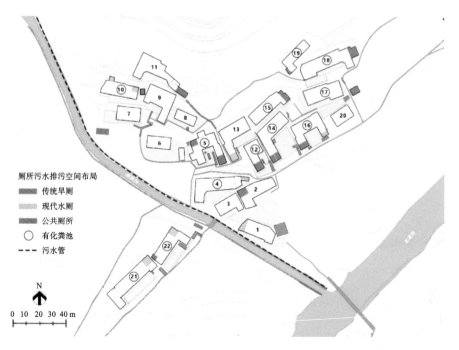

厕所污水排污空间布局

▨ 传统旱厕
▨ 现代水厕
▨ 公共厕所
○ 有化粪池
--- 污水管

N
0 10 20 30 40 m

图 8-16　粪便污水排污空间布局

5. 现状问题总结

（1）室内排污空间布局变更。彭家寨民居建筑室内排污空间布局发生着变化，表现在对新的排污空间——现代水厕的需求，而传统的卫生空间——一体式旱厕、猪圈、化粪池因不满足居民生活需求逐渐被弃用。在民居建筑中植入新的功能空间需考虑居民对空间的使用习惯、功能设施组合方式以及是否具备闲置空间等方面因素。

（2）室外排水空间形态混乱。彭家寨的民居建筑、院坝、挡土墙、自然坡地、道路阶梯、农田等空间要素在不同程度上影响排水沟渠的空间布局，不同的空间要素组成不同的空间场所，排水沟渠布局需适应空间场所的特征，村寨排水沟渠部分节点存在形态混乱的现象。

（3）污水排放与处理设施系统不完善。彭家寨的雨水与生活污水共同排放到排水沟渠，使排水沟渠及其周围场地空间的卫生环境遭到破坏，严重影响村寨景观风貌和居民日常生活品质；村寨粪便污水排放与收集处理设施系统紊乱，单户化粪池、污水管道、集中污水处理站共存，但设施布局尚不完善，且设施后期维护不佳。

8.1.3　彭家寨雨污径流模拟实验

本节将彭家寨场地空间在 Rhino 软件中建模，并利用 Grasshopper 软件进行雨污径流的可视化分析，为后期的设计提供依据。

1. 雨水径流模拟

（1）降雨条件。

湖北省宣恩县属于亚热带季风型山地湿润性气候。由于北部的大巴山和巫山的天然屏障作用，大大削减了南侵冷空气的势力。气候随着地形的垂直变化，影响光、热、水的再分配，一般是雨热同季，降雨夏多冬少。根据中国气象数据网 1981—2010 年的降雨统计数据，宣恩县全年降雨量为 1400 ～ 1500 mm，其中 56% 以上集中在 5 月至 8 月，7 月日降雨量最大值达 678.2 mm（图 8-17）。

月平均降水量统计

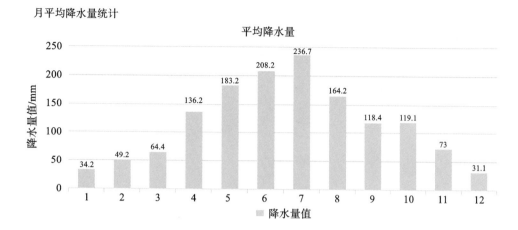

月最大降水量统计

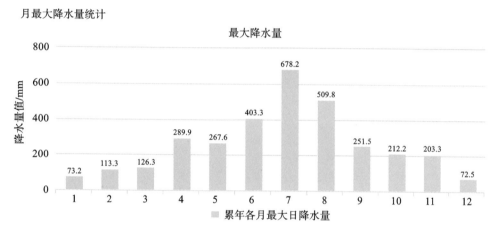

图 8-17 湖北省宣恩县月降水量统计

（2）雨水径流模拟。

在雨水径流模拟中，应用 Grasshopper 软件的雨污模拟插件对彭家寨场地空间进行雨水随机布点，雨水径流模拟结果如图 8-18 所示。场地排水沟渠的分布以及院坝、挡土墙、坡地、菜地、农田的地形地势是引导雨水径流走向的主要原因。彭家寨是典型的山地型传统聚落，场地空间的高差地势呈现出分层分级的特点，雨水以重力自流的方式在各层级间流动和传递。场地的排水沟渠起到截断和组织雨水径流走向的作用，大部分雨水汇集到排水沟渠中，形成雨水聚集线，雨水最终流向山坡河流、农田菜地等自然与生产空间中。

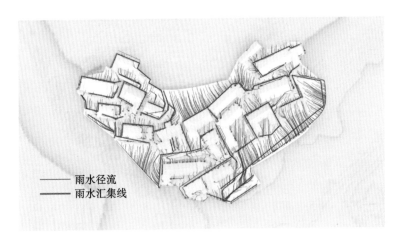

——— 雨水径流
——— 雨水汇集线

图 8-18   彭家寨雨水径流模拟结果

2. 污水径流模拟

（1）污水来源。

参考《农村生活污水处理工程技术标准》（GB/T 51347—2019）中农村居民
日用水量参考值和排放系数，如表 8-2 所示。将彭家寨住户用水现状类型分为"无
水冲厕所、无淋浴条件"和"有水冲厕所，有淋浴设施"两种，人均用水量取中间
值分别为 50 L/（人·d）和 140 L/（人·d），排放系数取中间值 60%，统计彭
家寨每栋住户的日排污水量如表 8-3 所示。

表 8-2   农村居民日用水量参考值和排放系数

村庄类型	用水量 /［L/（人·d）］
有水冲厕所，有淋浴设施	100～180
有水冲厕所，无淋浴设施	60～120
无水冲厕所，有淋浴设施	50～80
无水冲厕所，无淋浴设施	40～60
排放系数取用水量的 40%～80%	

表 8-3 彭家寨住户日用水量与排污水量统计表

建筑编号	建筑最大可住人口/人	建筑常住人口/人	用水条件	日常用水量/[L/（人·d）]	污水来源	日常排污量/（L/d）
1	8	3	有水冲厕所，有淋浴设施	420		252
2	8	无	无水冲厕所，无淋浴条件	—		-
3	4	2	无水冲厕所，无淋浴条件	100		60
4	16	7	有水冲厕所，有淋浴设施	980		588
5	7	3	无水冲厕所，无淋浴条件	150		90
6	5	3	无水冲厕所，无淋浴条件	—		90
7	5	无	无水冲厕所，无淋浴条件	100		—
8	5	无	无水冲厕所，无淋浴条件	—		—
9	>10	2	无水冲厕所，无淋浴条件	100		60
10	5	2	有水冲厕所，有淋浴设施	280		168

建筑编号	建筑最大可住人口/人	建筑常住人口/人	用水条件	日常用水量/[L/（人·d）]	污水来源	日常排污量/（L/d）
11	10	无	无水冲厕所，无淋浴条件	—		—
12	>10	7	无水冲厕所，无淋浴条件	350		210
13	>10	4	有水冲厕所，有淋浴设施	560		336
14	>10	1	无水冲厕所，无淋浴条件	50		30
15	6	2	无水冲厕所，无淋浴条件	100		60
16	10	3	有水冲厕所，有淋浴设施	420		252
17	9	2	无水冲厕所，无淋浴条件	100		60
18	9	4	无水冲厕所，无淋浴条件	200		120
19	3	无	无水冲厕所，无淋浴条件	—		—

续表

建筑编号	建筑最大可住人口/人	建筑常住人口/人	用水条件	日常用水量/[L/（人·d）]	污水来源	日常排污量/（L/d）
20	5	无	无水冲厕所，无淋浴条件	—		—
21	7	5	有水冲厕所，有淋浴设施	700		420
22	5	1	有水冲厕所，有淋浴设施	140		84

注：　　厨房　　　　现代水厕　　　　室外水池

（2）污水径流模拟。

在污水径流模拟中，首先对彭家寨的排污空间布局（民居建筑的厨房、现代水厕、室外水池）与排污量进行统计，在 Grasshopper 软件的雨污模拟插件中根据各民居建筑排污空间的实际排污情况进行布点，污水径流模拟结果如图 8-19 所示。

——　厨房污水径流
——　雨水汇集线

图 8-19　彭家寨污水径流模拟

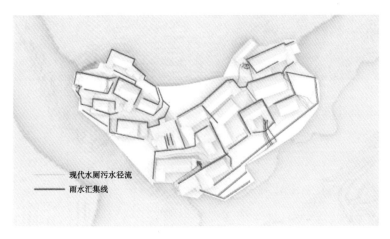

现代水厕污水径流
雨水汇集线

室外水池污水径流
雨水汇集线

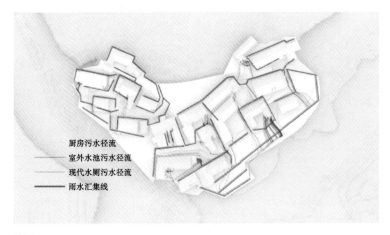

厨房污水径流
室外水池污水径流
现代水厕污水径流
雨水汇集线

续图 8-19

从图 8-19 可以看出，每家每户的污水出户后排入就近的沟渠中，污水对流经的排水设施与空间场所造成严重污染，污染主要集中在每间民居建筑下个层级的房前屋后及街巷的排水沟渠中。据此可以得出，在缺少污水处理设施的情况下，彭家寨传统聚落的环境空间比较脏乱，在雨季，雨水冲刷会导致污水的污染范围进一步扩展。

3. 实验总结

对彭家寨雨污径流进行了可视化模拟实验，可明晰雨水与污水在传统聚落空间的传输路径为民居建筑房前屋后和街巷中的排水沟渠。由于排水沟渠的布局与形态关系，聚落中的雨水与污水呈现出线形汇集的特征。在此基础上，梳理出排雨路径不畅通、雨水漫流的场所（图 8-20）以及污水汇集、污染严重的场所（图 8-21），为排雨空间设计改造与污水处理设施布局提供依据。

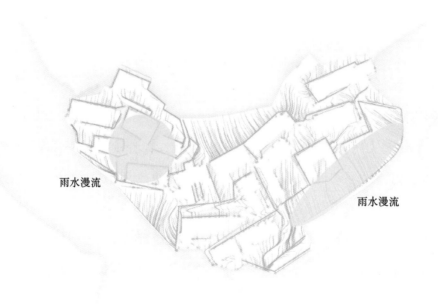

图 8-20　雨水漫流场所

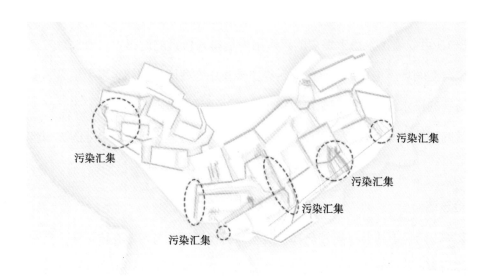

图 8-21 污染汇集场所

8.1.4 彭家寨水环境空间优化设计

彭家寨水环境空间优化设计主要解决雨水排放、储存、净化、利用以及排污空间布局规划与污水处理的问题。

1. 室外排雨空间设计改造

彭家寨排雨空间指可承接雨水的所有设施与场所，包括排水沟渠、建筑屋顶、建筑院坝、街巷、挡土墙、边坡、山林、农田、河流。设计改造主要解决以下问题：①聚落中雨水汇集，易形成雨涝；②地势陡峭，雨水排放速度过快，场地被雨水冲刷、侵蚀；③雨污径流污染；④雨水的滞留和利用。

设计改造的步骤如下：①从彭家寨排雨空间的传统营构方法总结经验，提炼规律，对其进行保留和微调，以适应地域特征；②植入适宜的现代雨水管理措施，解决关键的雨水问题。

彭家寨排雨空间设计改造如图 8-22、图 8-23 所示。在聚落上游增加截流沟，防止山洪侵袭；调整建筑院坝、挡土墙形态与聚落排水沟渠的布局，规划雨水的排

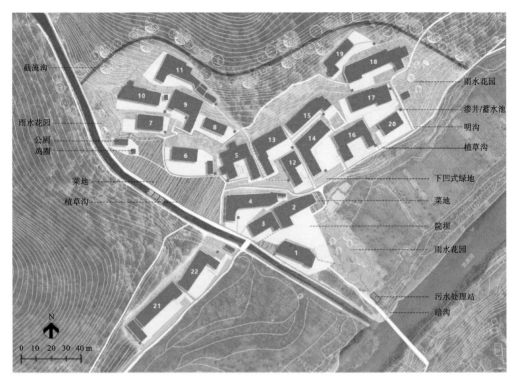

图 8-22 彭家寨排水空间设计改造平面

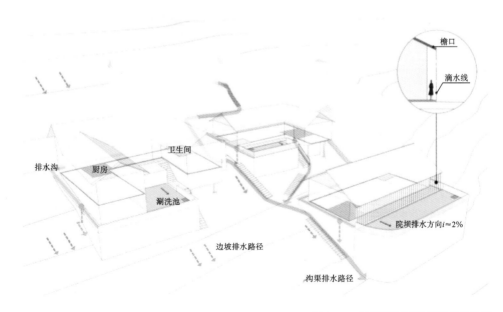

图 8-23 彭家寨排水空间设计改造效果

放路径；在聚落汇水严重的场地植入植草沟、雨水花园、下凹式绿地、渗滤池等生态雨污管理措施，实现雨污净化、综合管控的目的。

2. 室内排污空间优化布局

笔者将"供水管网—厨房—现代水厕"构建为彭家寨民居建筑的室内排污（供水）空间。厨房在民居建筑中的空间布局已经成熟定型，供水管网的布局也日趋完善。而现代水厕尚处于改造与更新的进程中，须探究其选址布局的合理性。①现代水厕应考虑与供水管网、厨房的位置关系，方便统一供水。②应考虑建筑室外排水沟渠与污水管网的位置，利于废水的排放与收集。③选择建筑室内闲置的储物间、卧房，院落的空地，将其转化为现代水厕的用地，实现对空间的最大化利用。

综合考量以上原则与要求，彭家寨加建现代水厕的空间布局如图 8-24 所示。

以 14 号民居建筑室内空间布局为例，传统建筑座子屋包含堂屋、火塘和卧室等核心功能空间，吊脚部分的转角处为厨房，一楼为猪圈和旱厕，二楼为厢房。将

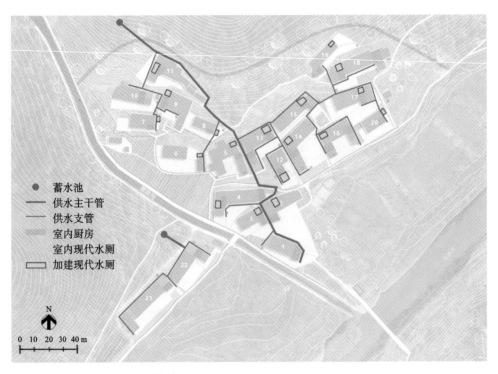

图 8-24　彭家寨加建现代水厕空间布局

建筑背面一间靠近厨房与火塘的卧室作为现代水厕布局的候选（图8-25、图8-26），一方面满足上述选址要求，另一方面这间卧室位于其他卧室的最小距离半径上，方便居民的使用。

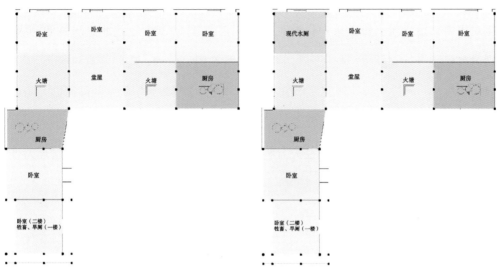

图 8-25　14号民居建筑室内空间布局现状　　　　　图 8-26　14号民居建筑现代水厕空间布局

以6号民居建筑室外加建现代水厕为例，传统建筑的座子屋同样具有堂屋、火塘和卧室等核心功能。后来，火塘的一部分功能分化到厨房中，居民将厨房加建在座子屋东面的院落空地上。如今，现代水厕的选址布局遵循同样的规律，与厨房并列排布在建筑东面的院落空间上（图8-27、图8-28）。

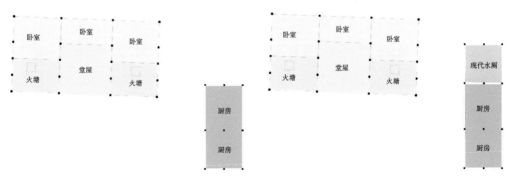

图 8-27　6号民居建筑室内空间布局现状　　　　　图 8-28　6号民居建筑加建现代水厕空间布局

3. 完善污水排放与处理设施体系

彭家寨规模较小、地形复杂，重新构建雨污管网体系与污水集中处理装置难度较大，因此应充分利用和改进彭家寨民居建筑现有的化粪池污水处理设施条件。基于前文对彭家寨民居建筑排污空间布局的调整，厨房、现代水厕、旱厕的污水排放相对集中，污水统一排入单户化粪池（图 8-29、图 8-30），污水经厌氧池初级处理对有机物进行消解后，村民可利用粪渣灌溉农田、菜地，同时注意对厌氧池定期清掏和维护。经过初级处理的污水进入排水沟渠，由植草沟、雨水花园等截污净化，最终进入下游小型污水处理站处理，排入龙潭河。彭家寨污水处理设施与体系布局如图 8-31 所示，该污水处理路径充分利用现有设施基础，工艺简单，维护管理方便，也能实现资源的循环利用。

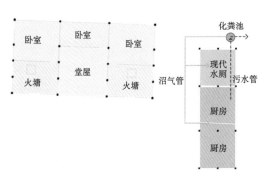

图 8-29   6 号民居建筑化粪池布局   图 8-30   化粪池施工场地

4. 潜在效益评估

彭家寨水环境空间优化设计能有效优化民居建筑供水布局，提高村寨排水能力，深化污水治理措施，促进资源循环利用，推动了彭家寨可持续发展，可以产生显著的环境效益、社会效益和经济效益。

（1）环境效益。

控制雨水径流。排水空间布局与形态改造，能有效引导彭家寨聚落空间雨水排放路径。雨水到达下游菜地农田生产空间，得到下渗和净化，到达山地河流自然空

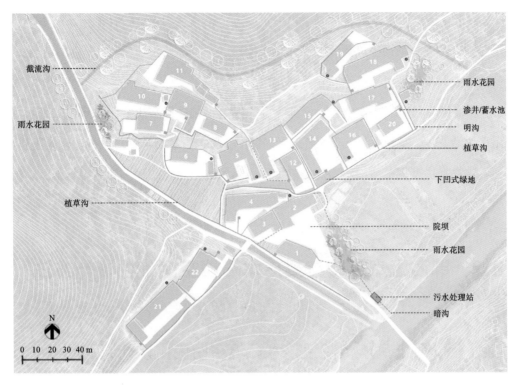

图 8-31　彭家寨污水排放与处理设施体系

间，得到存蓄和排放。

　　解决水污染问题。生态雨水管理措施与污水处理设施能有效解决彭家寨雨水污染和生活污水污染问题，污水中的固体污染物质（SS）、胶体物质及溶解性物质（以BOD 和 COD 物质为主）经过系统处理得到去除，有效推进了鄂西土家族传统聚落生态化的发展进程。

　　（2）社会效益。

　　提高居民整体生活质量和水平。室内现代水厕规划布局满足居民对室内卫生条件的需求，生态雨水管理措施可以有效提升聚落景观风貌。

　　具有良好的示范推广效应。彭家寨水环境空间优化设计的场地现状分析、方案拟定过程、工程设施的建造和后期维护运营的经验，可以为其他传统聚落提供良好的借鉴和示范。

　　（3）经济效益。

降低水污染和洪涝灾害，减少损失。通过水环境空间优化设计的一系列举措，可以减少彭家寨雨污径流量，控制水污染问题，并提高防洪排涝能力，减少甚至避免内涝或环境污染灾害所发生的经济损失。

资源循环利用，节省费用。合理利用天然雨水和居民产生的废水资源。雨水可用于生活洗漱、农业灌溉，减少自来水的使用；污水通过污水处理设施转化为肥料，为农作物提供有机养料，减少化肥的使用；污水也可转化为清洁能源沼气，用于照明或厨炊，节约能源。

8.2　鄂西土家族传统聚落水环境空间优化设计方法

8.2.1　鄂西土家族传统聚落水环境空间优化设计原则

1. 尊重地域特征

鄂西土家族传统聚落的地域特征在物质空间上表现为民居建筑构造与布局、环境空间要素与形态，在非物质上表现为村寨的历史文化与习俗。地域特征是传统智慧集中展现的部分，是区别于其他村寨的关键。在改造与更新过程中，应尊重地域特征，对地域特征予以保留和相应转化，使传统聚落的基底得以传承，避免出现千村一面的现象。

2. 满足生态要求

鄂西土家族传统聚落水环境空间的污染问题会对村民健康产生严重危害，并影响村寨的景观风貌。传统聚落的排污系统是村寨水环境空间污染问题的主要来源。实施水环境空间污染治理措施应规划生活杂排污水与厕所污水排放路径，防止污水对街巷空间、农田空间、地下水、下游龙潭河的污染，防止污染物气味的扩散，并弱化排污设施与污水处理设施外观对村寨景观风貌的影响，满足村民对生态宜居、舒适清爽的村寨生活环境的要求。

3. 实现资源循环利用

鄂西土家族传统聚落现阶段主要使用的能源为水电和煤电，由统一的管网工程传输到各家各户，传统能源（如沼气）逐渐被弃用。同时，村民也开始倾向于选择化肥对菜地和农田进行施肥，逐渐放弃传统能源的使用，增加了能源消耗。鄂西土家族传统聚落水环境空间的优化设计应关注资源的循环利用，充分挖掘废弃物质的资源价值。

8.2.2　鄂西土家族传统聚落水环境空间优化设计方法类型

1. 鄂西土家族传统聚落排水空间设计改造方法

鄂西土家族传统聚落排水空间设计改造，是在综合考虑聚落空间形态的基础上（包括民居建筑布局、建筑院坝空间、街巷、挡土墙、边坡、山林、农田、河流等）探究雨水设施布局的适宜性，实现雨水的排放、净化、截流、存蓄的综合管控。鄂西土家族传统聚落排水空间设计改造方法如下。

（1）排水沟渠分为水泥沟、石砖沟、土槽三种类型，明沟可做暗化处理。

（2）排水沟渠宽 20 ～ 100 cm，高 15 ～ 30 cm。

（3）排水沟渠环绕民居建筑布局，主要位于建筑后方与侧方，并与屋顶的滴水线相齐，利于承接屋顶的雨水。

（4）可将民居建筑的院坝坡度调整为 2% 左右，利于雨水排离院坝空间，保持场地的干燥。

（5）排水沟渠沿道路布局，可做生态化处理，如布置植草沟，发挥截流、净化污水作用。

（6）在菜地、农田、坡地等绿色空间，可选择雨水花园、下凹式绿地等生态雨水管理措施，发挥净化污水、截流的作用。

（7）在院落空间，可选择蓄水池等生态雨水管理措施，实现雨水资源循环利用。

（8）在聚落上游的山坡可设置截流沟，拦截一部分山林的洪水。

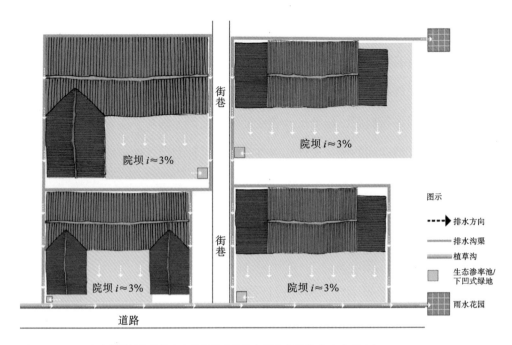

图 8-32　鄂西土家族传统聚落排水空间设计改造基本要素布局模式（i 为坡度）

　　鄂西土家族传统聚落排水空间设计改造基本要素布局模式如图 8-32 所示。

　　鄂西土家族传统聚落排水空间改造的功能模式如下。民居建筑院落中的院坝排水空间和渗井、蓄水池等蓄水设施；传统聚落街巷空间的排水沟渠、下凹式绿地、植草沟等净化功能设施；传统聚落中自然与生产空间（坡地、农田、菜地等）的净、渗、滞的功能设施。排水空间设计改造功能模式如图 8-33 所示。

2. 鄂西土家族民居建筑排污空间布局与污水处理方法

　　鄂西土家族传统聚落排污空间的优化设计步骤如下。①对民居建筑的排污空间布局进行梳理与调整，将主要的排污空间进行集中化布局，便于统一收集；②考虑污水排放与处理的方式，最大限度地利用聚落原有排水沟渠和化粪池等污水排放、处理设施，保留地域风貌与特色，同时最大化地实现污水资源的循环利用。

　　由于鄂西土家族传统聚落地势陡峭，聚落规模相对较小且民居建筑相对集中，应减少现代大型水利工程设施的介入，优先考虑污水的单户分散化处理，之后再考

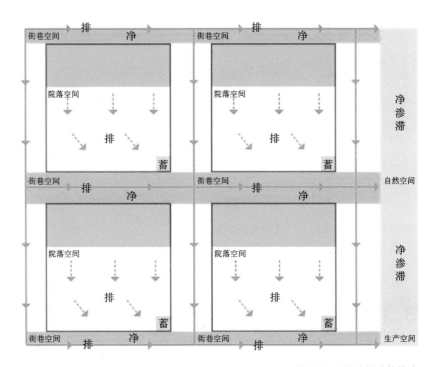

图 8-33　排水空间设计改造功能模式

虑集中处理装置与大型污水处理厂的建设。

鄂西土家族传统聚落排污空间布局与污水处理方法如下。

（1）民居建筑主要供水、排污空间（即现代水厕和厨房）在空间上应相邻布局，便于供水管线和排污管线的集中传输。

（2）充分利用传统聚落现有排水设施（沟渠），弱化对雨水管的需求。

（3）对于地形复杂、规模较小的传统聚落，优先采用污水分散化处理。

（4）充分利用传统聚落现有污水处理设施（化粪池），作为民居建筑污水初级处理装置。

（5）充分利用传统聚落生态雨水管理措施，作为污水处理的第二阶段。

（6）对于规模较大、排污量大、对雨水收集有特殊要求的聚落，可考虑建设雨污管网收集体系和集中污水处理厂。

基于上述思路，鄂西土家族传统聚落排污空间布局与污水分散化处理模式如图8-34 所示。

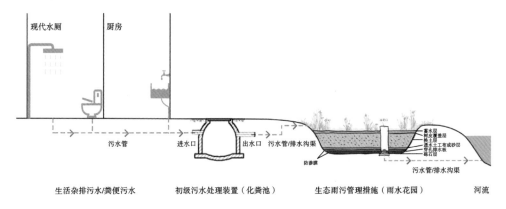

图 8-34　排污空间布局与污水分散化处理模式

8.3　鄂西土家族传统聚落水环境空间研究结论与展望

8.3.1　研究结论

（1）随着鄂西土家族传统聚落生活水平和条件的提高，民居建筑的传统旱厕逐渐被居民弃用，居民对拥有卫浴功能的现代水厕的需求不断提高。新的室内功能空间的出现打破了传统民居建筑室内原有功能布局的规律和秩序。优化室内排污（供水）空间布局，可在分析鄂西土家族传统民居建筑室内功能布局的形成与演化特征的基础上，找到可以植入现代水厕的空间，即室内利用率不高，与卧室、排污（供水）空间厨房相邻的储物间，以及民居建筑院落闲置的场所空间，为现代水厕的布局找到现实可行的方法。

（2）鄂西土家族传统聚落排水空间主要为建筑边沿与街巷空间中的排水沟渠。排水沟渠承接天然雨水和居民生活杂排污水，当污水溢满时会严重污染环境，危害居民身体健康。优化排水空间表现在以下几点：①可应用 Rhino+Grasshopper 软件工具模拟聚落雨污径流排放，指导排水沟渠布局；②借鉴排水沟渠沿民居建筑滴水线排布以及设施构造的传统智慧，指导排水沟渠设施的更新改造；③可对排水明沟进行暗化处理来提升聚落排水空间景观风貌。

（3）鄂西土家族传统聚落的生活杂排污水通常未经处理直接排入排水沟渠。生活杂排污水在排水沟渠溢流或者排入菜地农田、山坡河流空间，严重污染环境。对此，可在聚落绿色空间植入雨水花园、植草沟、下凹式绿地等生态雨水管理措施，对污水进行有效截流和净化。

（4）鄂西土家族传统聚落的厕所污水处理现状为：污水经化粪池简易处理后经管网体系排入污水处理厂集中处理。优化时应将传统聚落的生活杂排污水和厕所污水做整体考量，选择适宜的污水处理设施，构建污水处理流程，统一解决水污染问题。具体措施如下。①在地形复杂、规模较小的传统聚落，宜采用污水的分散化处理，充分应用各家各户原有的化粪池，作为污水初级处理装置，实现对污水的资源化利用，并将生态雨水管理措施作为污水处理的第二阶段。②在规模较大、排污量大或对雨水收集有特殊要求的传统聚落，宜建设雨污管网收集体系和集中污水处理厂。

8.3.2　研究不足与展望

由于研究时间的限制，以及研究内容对建筑学、景观学、水利工程学等学科知识交叉融合有较大的要求，本研究成果存在一定的不足之处，还有待进一步优化。

（1）本研究仅定性地说明污水处理设施、生态雨水管理措施对污水净化、消解的作用，以后可在传统聚落水环境空间优化设计的实践阶段，进一步搜集聚落污水中固体污染物质（SS）、胶体物质及溶解性物质（以 BOD 和 COD 物质为主）的数据信息，进行定量的去污化研究，提高研究结果的真实性和科学性。

（2）本研究仅选取了传统聚落彭家寨进行优化设计实践，以后可扩大样本量，深入研究鄂西土家族传统聚落水环境空间的系统构成。

（3）本研究的水环境空间优化设计方法是在建筑学、景观学、水利工程学等不同学科框架下协同构建，可进一步探究学科交叉情景下的方法构建及其合理性。

后记

（一）传统聚落部分环境要素影响总结

本书分三卷对鄂西武陵山区传统聚落进行研究，分别从空间分布特征及影响机制、传统聚落风环境与传统聚落水环境及空间优化设计三个方面对鄂西土家族传统聚落形态演进展开论述。

上卷对传统聚落空间形态特征及影响机制展开研究，采取网络数据爬取与实地数据调研相结合的方式对鄂西武陵山区传统村落空间分布的自然环境、经济社会和历史人文三个维度的影响因子的量化数据进行获取，以确保实验数据的真实性与可靠性。结合实地调研和专家访谈，以综合性、地域性和可操作性为原则，对鄂西土家族传统聚落空间分布的影响因子进行梳理，并构建了系统化的影响因子指标体系和量化标准，得出鄂西土家族传统聚落空间分布是多因子（如高程值、坡度、坡向、年平均降水量、年平均温度、路网密度、距中心城市最短距离、人口密度、GDP总量、耕地面积、传统建筑面积、历史环境要素、非物质文化遗产）复合作用下所呈现出的形态特征。为进一步探究多因子复合作用下鄂西土家族传统聚落空间分布的影响机制，本书引入多元线性回归分析的方法，构建多因子复合作用下鄂西武陵山区传统村落空间分布模型。最后得出结论：不同影响因子对鄂西武陵山区传统村落空间分布的作用不同，存在着正向促进和反向抑制两种作用方向；同时各影响因子之间也存在着相互作用和反馈调节机制。不同维度的影响因子并非单独存在，它们相互作用。

中卷研究了鄂西武陵山区临水型传统村落的空间形态特征，并以流体力学数值模拟的手段对临水型聚落冬夏两季风环境进行模拟，对聚落空间形态与风环境的关联性展开研究，归纳出临水型聚落空间的风环境适应规律，探讨了临水型聚落空间形态冬季防风和夏季风引导的相关策略。从鄂西土家族传统村落中选取临水型聚落作为研究对象，对土家族传统聚落的概况、山水地貌特征进行基础资料研究，并对临水型聚落进行研究，从宏观选址特征、中观空间布局以及微观空间营造三方面，对空间形态与气候适应机制进行阐述。在实地调研和文献综述基础上，对村落空间形态与风环境相关的文献进行关联分析研究，并对临水型聚落空间形态进行分类。本书对公共空间在聚落中的分布、聚落不同要素组合成的空间单元模式、建筑密度、建筑类型分别进行风环境模拟研究，归纳出鄂西临水型聚落空间的风环境适应与优化策略。

以宣恩县彭家寨为例进行 CFD 风环境模拟研究，对其进行整体空间风环境、不同历史时期以及公共空间风环境研究，以实例验证鄂西临水型聚落不同尺度下的空间风环境规律，归纳临水型聚落风环境现状问题、优化策略以及风环境舒适性的适宜空间模式，探索基于风环境优化的聚落空间形态策略，为营建低碳舒适的聚落空间布局提供科学指导依据。主要结论为：①从宏观选址、中观空间布局以及微观空间营造三方面对临河型聚落进行空间形态特征分析，梳理出临河型不同空间类型聚落与风环境之间的关联性；②对临水型聚落不同空间尺度下空间类型进行研究，从不同空间尺度总结并分析临水型聚落的空间形态；③以风环境与聚落空间形态关联的视角切入去展开风环境研究，通过对临水型聚落不同尺度的空间类型的研究，以空间尺度的视角对聚落分别进行风环境模拟和分析；④以彭家寨为研究对象进行风环境模拟研究，并通过与聚落不同尺度空间的风环境验证，得出该类型聚落符合鄂西临水型聚落空间的风环境适应规律；⑤总结了鄂西土家族临水型聚落选址和空间布局的空间形态优化策略，归纳出不同尺度空间的自然适应机制以及不同空间尺度下的风环境适应规律，提出聚落风环境优化方法，并应用在临水型聚落的选址以及空间布局中，为聚落未来规划设计提供一定参考依据。

下卷研究了鄂西土家族传统聚落的水空间，基于对水空间的问题总结，探究了传统民居建筑室内供水功能布局、室外排水空间形态、雨洪与污水处理设施类型以及排水模式的机理，试图寻找土家族传统聚落水环境空间的营造智慧与优化策略的逻辑。得出的结论如下：①可将室内利用率不高，与卧室、排污（供水）空间、厨房相邻的储物间，以及民居建筑院落闲置的场所空间作为植入现代水厕的空间；②利用 Rhino+Grasshopper 软件工具模拟聚落雨污径流排放，借鉴排水沟渠沿民居建筑滴水线排布以及设施构造的传统智慧，并对排水明沟进行暗化处理，可以优化排水空间；③在聚落绿色空间植入雨水花园、植草沟、下凹式绿地等生态雨水管理措施，可对污水进行有效截流和净化；④地形复杂、规模较小的传统聚落，宜采用污水的分散化处理；规模较大、排污量大或对雨水收集有特殊要求的传统聚落，宜建设雨污管网收集体系和集中污水处理厂。

整体来看，鄂西武陵山区的传统聚落生态环境的空间形态、风环境和水环境三者之间联系紧密，研究从以下方面展开。①风环境和水环境从地形地貌方面直接影响传统聚落的空间布局，如金龙坝村带状聚居的聚落空间形态是在金龙河的地理背景和历史背景下影响形成，同时风环境也影响了街巷空间的宽窄和布局。②传统聚落的空间布局影响了当地的风环境和水环境，传统聚落的空间布局使当地的微气候发生变化，山水环境更加宜居，提高了舒适性。

（二）本研究之不足

本书研究内容对建筑学、景观学、水利工程学、气候学等学科交叉融合有较高的要求，由于时间有限，课题研究成果存在一定的不足，还有进一步深化探索的空间。

本书上卷定性地说明污水处理设施、生态雨水管理措施对污水净化、消解的作用。今后可在传统聚落水环境空间优化设计的实践阶段进一步搜集聚落污水中固体污染物质（SS）、胶体物质及溶解性物质（以 BOD 和 COD 物质为主）的数据信息，进行定量的去污化研究，确保研究结果更具科学性。

同时，由于本书研究为个案研究，虽在研究对象选取过程中进行了详细说明，但在演绎推理过程中仍存在不足之处。在今后的研究中，若选取更多相似案例进行对比研究，以验证该结论同样适用于武陵山区其他河谷型聚落，将能更严谨地推导出武陵山区河谷型聚落景观形态特征。本研究仅代表河谷型聚落，对武陵山区其他类型村落研究偏弱，若对该区域所有村落类型进行概况抽象，然后再进行推导，则推理结果更为可信。武陵山区属于一个较为宽泛的概念，涉及多个地区，包含土家族、苗族、侗族等多个民族，整个地区在形态表现上存在一定的共性，但同一山区不同地区的文化差异可能造成景观形态的差异性。在今后的研究中，可以对不同地区间的文化传播展开研究，对比形态的异同点，在机制研究层面的阐述将更加严谨。

中卷通过对鄂西临水型聚落不同空间尺度的空间形态进行深入挖掘，并对其进行风环境模拟，归纳出适用于鄂西临水型聚落空间形态优化策略以及风环境优化的规划应用研究。研究存在以下不足之处。

（1）鄂西地区的临水型聚落风环境现实状况较为复杂，本书仅从聚落物质空间形态的视角对其进行风环境研究，模拟软件与现实情况存在一定差异，导致不能十分真实地反映聚落实际情况，今后在进行模型构建时将尽量缩小与聚落现状的差异。

（2）由于聚落现实风环境的多变性与瞬时性，众多因素（如太阳辐射、温度等）都会影响村民在空间中的舒适性，可能会存在局部空间体感舒适度的误差。本书仅通过模拟软件对临水型聚落进行风环境模拟分析，今后将增加实测环节。

（3）从宏观、中观以及微观三种尺度对临水型聚落进行风环境模拟分析，由于时间关系，坡向、聚落与河流的距离以及水面的大小等因素对聚落风环境的影响在本阶段较难完成，需要更进一步的深入研究。

（三）传统聚落研究方向展望

在本书基础上可延展出若干子课题继续深化研究。①我国地域辽阔，各地形成了不少具有地方特色的景观形态。由于民族分布与区域分布有很高的重合性，可研究少数民族的文化、经济、政治等因素对区域景观形态的影响。②武陵山区聚落景观形态演变及设计改造策略研究。曾有学者针对鄂西南山区农村户厕进行研究，并从建筑学视角提出针对乡村传统风貌与现代需求的设计改造策略。对于本书提到的院坝扩张等空间形态的变化，同样可以针对每种类型提出改造策略，对当地场地改造设计提供技术引导。

本书通过对鄂西临水型聚落不同空间尺度的风环境进行研究，归纳出鄂西土家族临水型聚落选址和空间布局的空间形态优化策略，以及不同尺度空间的自然适应机制以及不同空间尺度下的风环境适应规律。在未来的研究中，笔者希望涵盖更多风环境的影响因素，做到尽量还原聚落风环境的实况；构建一个适用于鄂西土家族临水型聚落乃至范围更广的聚落空间形态优化研究框架，建立基于风环境优化的聚落规划设计应用的路径，为乡村聚落空间舒适的风环境提供一定规划依据与科学指导。